陕西省自然科学基础研究计划项目（2014JM9379）资助
陕西省教育厅专项科研计划项目

大秦岭

山麓区绿道网络规划与建设

The Greenways Network Planning and Construction of the Piedmont of Qinling

西安建筑科技大学 陈磊 岳邦瑞
西安绿岭规划设计咨询有限公司 潘嘉星 潘卫涛 著

U0283134

新建道路

庞光镇

利用原有环山路

利用原有环山路

甘峪 石镜峪 崂峪 栗峪 皂峪 潭峪 曲峪 乌桑峪 黄柏峪 鸽勃峪 太平峪 紫阁峪 高冠峪 东大

中国建筑工业出版社

图书在版编目（CIP）数据

大秦岭山麓区绿道网络规划与建设/陈磊等著．—北京：
中国建筑工业出版社，2014.7
ISBN 978-7-112-17058-6

Ⅰ．①大…　Ⅱ．①陈…　Ⅲ．①山麓－道路绿化－绿化规
划－研究－西北地区　Ⅳ．①TU985.18

中国版本图书馆CIP数据核字（2014）第150322号

责任编辑：张　建　焦　扬
装帧设计：锋尚设计
责任校对：姜小莲　陈晶晶

大秦岭山麓区绿道网络规划与建设

西 安 建 筑 科 技 大 学　陈 磊　岳邦瑞
西安绿岭规划设计咨询有限公司　潘嘉星　潘卫涛　著

*

中国建筑工业出版社出版、发行（北京西郊百万庄）
各地新华书店、建筑书店经销
北京锋尚制版有限公司制版
北京顺诚彩色印刷有限公司印刷

*

开本：880×1230毫米　1/20　印张：7⅖　字数：300千字
2014年8月第一版　2014年8月第一次印刷
定价：**58.00**元
ISBN 978-7-112-17058-6
（25222）

前　言

　　秦岭，中国南北气候分界线，是中国生态格局的重要脉络，是西安这座千年古城的生态屏障和后花园。2011年，西安市成立西安市秦岭生态保护管理委员办公室（西安市秦管办），划定了生态保护区域，作为西安山城一体格局的重要构成，将有效地让公众享受这片绿色海洋，推动区域保护利用工作，建立生态安全格局。在此背景下，建立慢行系统成为其中的一项主题，而绿道承载了该项功能，融合自行车骑行、休息驿站、生态绿化等内容。在西安市政府副秘书长、西安市秦管办党组书记焦维发"一根绿线穿到底"的建设理念指导下，由西安市秦管办副主任王聪林主抓此项工作，带领各主要处室负责人共同组织秦岭北麓西安段的绿道建设工作。工程由西安秦岭生态保护有限公司负责实施，西安绿岭规划设计咨询有限公司联合西安建筑科技大学建筑学院风景园林系负责规划和设计工作。自该项工作启动以来，先后完成了总体规划和部分绿道的详细设计，实施完成7公里示范段，正在实施超过百公里的工程。从绿道的实施效果来看，大大提升了秦岭西安段北麓的生态环境和整体形象，有效提高了公众对于生态环境的认识，并使"慢生活"的理念得到了广泛的宣传和实践。

　　本书通过对大秦岭山麓区绿道网络的规划、设计、实践的整理，集合成册，与读者分享山麓型绿道的实施经验。

潘嘉星　潘卫涛

二〇一四年六月

目　录

3 示范篇——太平峪片区绿道网设计与建设

4 评价篇——秦岭绿道（太平峪段）7公里示范段建设评价

5　总结篇

骑行之始

曲径通幽

南山悠现

大隐圭峰

神秀圭峰

颠簸骑行

层峦叠翠

概述篇 >>>>>

　　"十八大"明确提出大力推进生态文明建设，建设美丽中国，实现中华民族永续发展的战略构想。绿道作为区域性生态廊道，是城乡绿色基础设施的重要组成部分，绿道建设是实现美丽中国的重要举措之一。本篇中，将在梳理绿道相关概念及国内外研究发展现状的基础上，引出城郊"山麓型"绿道的概念，阐述山麓型绿道建设的必要性、目的及意义。

1.1 绿道研究概况

1.1.1 绿道概述（图1.1）

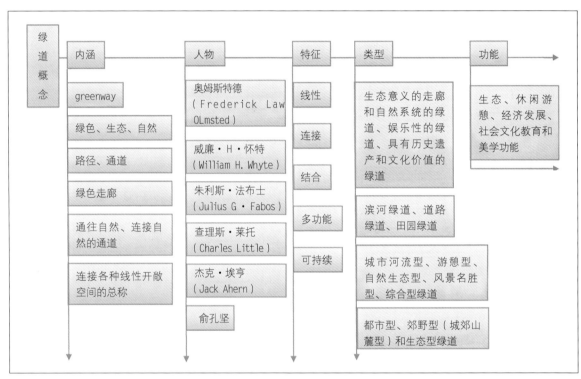

图1.1 绿道概述

1. 绿道的源流及概念

"绿道"是由英文"Greenway"翻译而来的，在西方已有近150年的历史。现代绿道的最早实践可追溯到1867年由奥姆斯特德（Frederick Law Olmsted）完成的著名的波士顿公园系统规划（Boston Park System）（图1.2）。

1959年，绿道（greenway）一词首次出现并被威廉·H·怀特所用。

1987年，美国户外游憩总统委员会（President's Commission on Americans Outdoor）首次将绿道定义为提供人们接近居住地的开放空间，连接乡村和城市空间并将其串联成一个巨大的循环系统，向人们描述一种充满活力的绿道网络。

20世纪90年代，绿道成为保护生物学、景观生态学、城市规划和风景园林等多个学科交叉的研究热点，国际绿道运动迅速发展。[1]

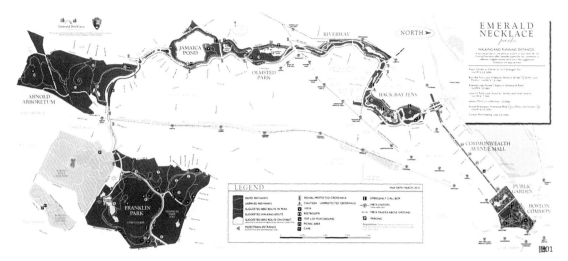

图1.2 第一个多功能绿道——奥姆斯特德设计的马萨诸塞州波士顿"绿宝石项链"

查理斯·莱托在其经典著作《美国的绿道》（Greenway for American）中所下的定义："绿道就是沿着诸如河滨、溪谷、山脊线等自然走廊，或是沿着诸如用作游憩活动的废弃铁路线、沟渠、风景道路等人工走廊所建立的线形开敞空间，包括所有可供行人和骑车者进入的自然景观线路和人工景观线路。"它是连接公园、自然保护地、名胜区、历史古迹及其他与高密度聚居区之间进行连接的开敞空间纽带。从地方层次上讲，就是指某些被认为是公园路（parkway）或绿带（greenbelt）的条状或线形的公园。

埃亨在文献综述的基础上，结合美国的经验，将绿道定义为由那些为了多种用途（包括与可持续土地利用相一致的生态、休闲、文化、美学和其他用途）而规划、设计和管理的由线形要素组成的土地网络。

2. 绿道的特征

绿道主要由人行步道、自行车道等非机动车游径和停车场、游船码头、租车店、休息站、旅游商店、特色小店等游憩配套设施及一定宽度的绿化缓冲区构成。根据需要，绿道外围可以划定一定范围的生态敏感区或农业生产用地作为城市生态廊道或组团隔离带。

绿道具备线性、连接性、结合性、多功能性及可持续性五大特征。

（1）线形：绿道的空间形态是线形的，各种线形的开敞空间，从引导动物进行季节性迁徙的栖息地走廊到风景名胜区的观赏走道，从绿野山林的登山道、栈道到社区、公园的自行车道、步行道，各种线形的宽敞空间都可以称为绿道。

（2）连接性：绿道最主要的特征是连接性。绿道是把公园、自然保护地、名胜区、历史古迹及其他与高

图1.3   世界文化遗产碉楼绿道骑行

图1.4   田园绿道

密度聚居区进行连接的开敞空间纽带。

（3）结合性：绿道由绿廊系统和人工系统两大部分构成，是自然与人工的结合。绿廊系统由地带性植物群落、水体、土壤等具有一定宽度的绿化缓冲区构成；人工系统由节点、慢行道、标识系统及基础设施构成。

（4）多功能性：绿道作为线性开敞空间，有机串联各类有价值的自然和人文资源，兼具生态、社会、经济、文化等多种功能。

（5）可持续性：绿道建设基本不需要占用建设用地指标，具有投资少、见效快的特点，符合建设低碳城市的发展要求，也是扩大内需、刺激消费、推动经济发展的有效举措之一。绿道的建设既有利于保护生态环境，又能促进经济发展，符合人类社会的可持续发展战略，具有可持续性。

3. 绿道的类型

根据不同的角度，绿道有下述不同的分类方式：

法布士认为绿道可分3种类型：具有生态意义的走廊和自然系统的绿道、娱乐性的绿道、具有历史遗产和文化价值的绿道（图1.3）。

俞孔坚认为按照绿道的形式与功能，中国存在着3种类型的绿道，即沿着河道或水域边界分布的滨河绿道、公园道路绿道或具有交通功能的道路绿道、沿田园边界分布的田园绿道（图1.4）。

按照形成条件和功能的不同，绿道可以分为城市河流型、游憩型、自然生态型、风景名胜型、综合型绿道等，根据地域特征和功能的不同，绿道可以分为都市型、郊野型和生态型绿道。[2]

本书侧重研究的对象为城郊山麓型绿道（简称"山麓型"绿道），通过归纳总结不同学者对各类绿道的研究，可以发现山麓型绿道与各类绿道的异同，这对山麓型绿道研究有至关重要的作用。

城市绿道更多强调的是人工环境下的开放空间系统，是城市建成环境背景下线形、带形要素的连接，更多强调的是人工环境。城市游憩型绿道是城市绿道的一种类型，体现的是游憩功能。城郊游憩型绿道是以建成环境为依托的游憩空间，其环境属性具有多样性和复杂性。山地城市绿道强调的是特殊空间环境下的城市绿道，其环境属性多为山地地形，但仍属于城市绿道范畴。

城郊山麓型绿道立足于"山"与"城"一体化关系的背景，更多强调的是在山麓区这类特殊地形地貌、特殊资源、特殊视觉场、特殊风景边界效应的空间内，作为具有特殊空间形态和视觉场的人工干预缓冲带，它是一种有别于城市绿道的具有丰富自然资源和自然气息的特殊绿道类型。

4. 绿道发展阶段

绿道的发展划分为3个阶段：

第一阶段：绿道的萌芽阶段（约公元前1700～1960年）。主要有连接开放空间的各种轴线、林荫大道、公园道、河流廊道等形式，其历史至少可以追溯到古罗马时期的景观轴。

第二阶段：以休闲为主要功能的绿道（约1960～1985年）。以休闲为主要目的的各种小径提供了人们通往河流、山脉等自然廊道的非机动车交通方式。

第三阶段：多目标的绿道（约1985年以后），其功能通常包括野生动物保护、防洪、水源保护、教育、城市美化及休闲等功能。

1.1.2 绿道发展现状

自19世纪绿道产生以来，经过一百多年的发展，绿道已经成为一种全球化的运动。在北美、欧洲及部分亚洲地区，绿道已经发展到比较成熟的阶段。我国引入绿道的时间较短，但发展迅速（图1.5）。

1. 国外绿道现状

各个国家的绿道建设模式与侧重点有所不同：美国绿道在户外空间规划方面的研究和实践处于世界领先水平，绿道建设更加注重游憩功能的开发。欧洲的绿色网络思想在20世纪初就得到了发展。在东欧和西欧的大都市区域内，绿带系统的建设连接了城市与其外围的自然区域或林带。伦敦、莫斯科、柏林、布拉格和布达佩斯等都做了这方面的规划。

亚洲的绿道研究和建设起步较晚。新加坡于1991年开始建设一个串联全国的绿地和水体的绿地网络（图1.6），连接山体、森林、主要的公园、隔离绿带、滨海地区等。通畅的、无缝连接的绿道为生活在高密

图1.5 世界范围内绿道发展状况

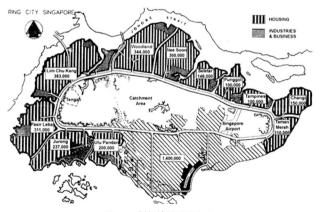

图1.6 新加坡绿道理念图

度建成区的人们提供了足够的户外休闲娱乐和交往空间，为多民族社会的和谐融合创造了物质基础，使新加坡成为一个"城市建在花园中"的充满情趣、激动人心的城市。

日本国土面积狭小、自然资源匮乏，但仍通过绿道网的建设来保存珍贵、优美、具有地方特色的自然景观。日本对国内的主要河道一一编号，加以保护，通过滨河绿道建设，为植物生长和动物繁衍栖息提供了空间。同时，绿道串联起沿线的名山大川、风景胜地，为城市居民提供了体验自然、欣赏自然的机会和一片远离城市喧嚣的净土。

2.　国内绿道现状

我国的思考与实践主要致力于三个方面：一是国外绿道理念与国内原有概念的融合；二是与绿道相关的具有中国特色的理念；三是借鉴国外绿道理念进行思考与实践。

其中与游憩、文化功能型绿道相关的研究成果主要有：北京大学吴必虎教授在对旅游活动的系列研究中[3][4]，于1998年提出了环城游憩带（ReBAM，Re-creational Belt Around Metropolis）的概念[5]，并在以上海市为例的文章中深化了环城游憩带的概念。[6]苏平、党宁和吴必虎（2004年）以北京市14个区县的235处旅游地为研究样本，运用旅游计量地理方法得出了北京环城游憩带旅游地的空间结构特征。[7]吴必虎（2001年）在观察自驾车旅游的趋势后，开拓了国内对风景道的研究，规划设计了黑龙江伊春小兴安岭风景道[8]和福建宁德滨海风景道[9]。风景道的概念是具有中国特

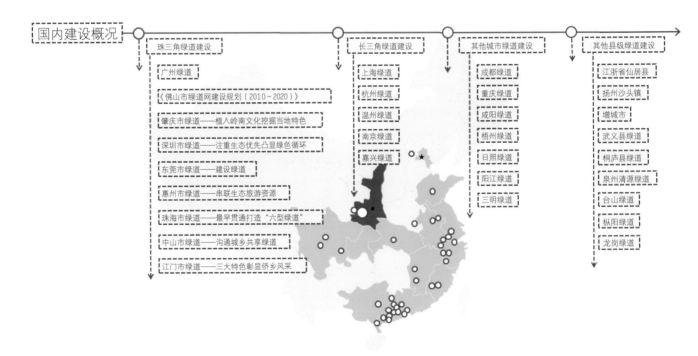

图1.7　我国绿道建设概况

色的理念，余青教授（2006年）延续了这方面的研究。
2005年，俞孔坚等人运用最小累积阻力模型，结合GIS技术，尝试探讨遗产廊道适宜性分析的新途径。[10]李伟和俞孔坚（2005年）还对世界遗产保护领域的文化线路与美国绿道中的遗产廊道进行对比，认为借鉴两者的有关理念，对我国的文化遗产保护和区域规划有十分重要的意义。[11]张笑笑（2008年）结合绿道和游憩的概念，提出了城市游憩型绿道的概念，并利用AHP法对上海市黄浦区、静安区和卢湾区进行了详细的绿道选线设计，演绎了游憩型绿道的选线方法。[12]田逢军等（2009年）对上海市游憩型绿道进行了分析，提出了"一纵两横三环"的绿道格局，并对3种类型的绿道进行了设计。[13]张春英等（2009年）利用景观连接度的方法对福州市绿地景观绿道功能进行了定量分析，针对福州市绿地景观连接性较弱的现状提出了规划建议。[14]赵兵等（2009年）将休闲绿道引入花桥国际商务城的规划设计，并总结了针对江南水乡特色的休闲绿道建设思路。[15]

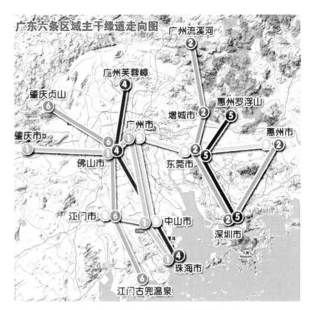

图1.8 广东六条区域主干绿道走向图

据不完全统计，全国范围内开展绿道建设项目（县级以上）达40个，且数据在连续增长（图1.7）。

珠三角一些城市已经在小范围的局部地区不同程度地开展了有关绿道的探索，为绿道网建设提供了丰富的实践经验。珠江三角洲绿道网是广东省从2010年起在珠三角地区建设的一个线形绿色开敞空间纽带网，利用近三年时间，建设了总长约1690km，连通广佛肇、深莞惠、珠中江三大都市区的绿道网络。

广东的六条区域主干绿道（图1.8）：

绿道一号：长约310km，沿珠江西岸布局，以大山大海为特色。西起肇庆双龙湖旅游度假区，经佛山、广州、中山，至珠海观澳平台，途经50多个发展节点。

绿道二号：长约470km，沿珠江东岸布局，以山川田海为特色。北起广州流溪河国家森林公园，经增城、东莞、深圳，南至惠州巽寮湾休闲度假区，经50多个发展节点。

绿道三号：长约360km，横贯珠江三角洲，以文化休闲为特色。西起江门帝都温泉，经中山、广州、东莞、惠州，东至惠州黄沙洞自然保护区，经60多个节点。

绿道四号：长约220km，纵贯珠江三角洲中部，以生态休闲为特色。北起广州芙蓉嶂水源林保护区，向南经佛山、珠海，南至珠海御温泉度假村，经20多个发展节点。

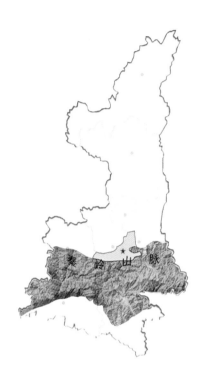

秦岭在陕西的区位图

秦岭在西安的区位图

图1.9　秦岭在陕西、西安的区位图

绿道五号：长约120km，纵贯珠江三角洲东部，以生态休闲为特色。北起惠州罗浮山自然保护区，经东莞、深圳，南至深圳银湖森林公园，经20多个节点。

绿道六号：长200多公里，纵贯珠江三角洲西部，沿西江布局，以滨水休闲为特色。北起肇庆贞山，向南经佛山、江门，南至江门银湖湾湿地及古兜温泉，经16个发展节点。[16][17]

2012年1月，继珠三角绿道网建成之后，广东规划再建绿道5800km，辐射粤东、粤北、粤西地区，全省绿道网预计连接广东21个地级市，串联五百多个旅游景点。[18]

2012年1月9日闭幕的武汉市十三届人大一次会议决定，2012年启动武汉首条城市绿道——全长51km的东沙绿道建设。[19]

1.2　大秦岭绿道研究背景

1.2.1　大秦岭绿道概况

秦岭全长1600余公里，是中国地理上的南北分界线和中国重要的生态功能区，其主要生态功能表现在水源涵养和生物多样性保护等方面。秦岭山脉的主体部分横亘关中平原的南边界，是古都西安的绿色生态屏障、水源涵养区和宗教源脉之地。

秦岭北麓西安段西至周至，东到蓝田，现状分布着大片农田、果园、苗圃、村庄、乡镇、景点、文物遗址及旅游地产等，由一条环山公路（S107关中环线）串联起来，东西全长166km，南北平均宽度为2.5km（图1.9）。

2012年，西安市秦岭生态环境保护管理委员会办公室提出"以绿道建设为抓手，全面带动秦岭保护与利用工作"、"将秦岭北麓西安浅山区绿道建设成为中国最长的山麓型绿道和西北第一条大型绿道"的设想，提出建设"致富大道（经济）、快乐大道（游憩）、健康大道（生态）"的三大目标，结合秦岭北麓环山公路（S107关中环线）景观整治，开展"大秦岭绿道"的规划设计及建设工作。

秦岭北麓西安段浅山区绿道网（简称大秦岭绿道）规划范围东至蓝田县与渭南交界处，西至周至县与宝鸡市交界处，全长约166km。依托S107关中环线、S108老环山线公路展开布设，其间连接了子午峪、沣峪、祥峪、高冠峪、太平峪、黄柏峪等北麓峪口和秦岭野生动物园、净业寺等诸多景区。大秦岭绿道是以休闲游憩为主要功能，兼具经济发展、生态恢复、社会文化和美学意义的复合型绿道，是中国目前最长的山麓型绿道（图1.10）。

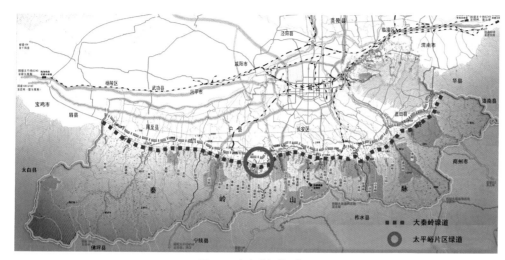

图1.10 大秦岭绿道区位图

大秦岭绿道选线总体规划已于2013年4月完成。通过对现状的认知和研究，总体规划包括以下几个方面的内容：

采用"卷轴式游憩模式"中"五步骤选线法"、两大原则及四大策略，规划一级线路总长293.3km，二级线路总长226.7km。其中新建道路长度为150.8km，利用原有道路359.2km，经过村庄184个。

通过弹性缓冲模式划定建设区和缓冲区，划定山岳自然保护区与城乡活动区，包括古镇名村10个、文化景点38个、森林公园10个、峪口47个、水库4座、古栈道4条。

通过"串珠式设施构建模式"以及城市绿道驿站设置指标算演山麓区绿道驿站指标，共设置驿站60个。其中一级驿站4个，分别为楼观驿站、太平裕驿站、翠华山—南五台驿站以及汤峪驿站；二级驿站19个，包括马召驿站、敬居寺驿站、大峪口驿站等；三级驿站共37个。

通过"分流式交通构建模式"在西汉高速、西太路、国道210、西康高速、子午大道等处设置分流交通设施，分流纵向交通，解决交通量集散问题。

1.2.2 太平峪片区绿道网及秦岭绿道示范段概况

大秦岭绿道户县段太平峪片区绿道网（简称太平峪片区绿道网）位于秦岭北麓关中环线以南，东起李家岩，西至214县道，机动车道全长13.5km，自行车道（步道）全长21.218km（图1.11，黄色区域）。

太平峪片区绿道网七公里绿道示范段（简称秦岭绿道示范段）位于秦岭户县段，位于环山路南侧，西至黄柏峪，东至李家岩，南北宽约50m。自行车道总长度为9.6km，规划面积约为35hm²（图1.11，红色区域）。

秦岭绿道示范段自东往西，按照现状特质分为四段进行设计，李家岩至草寺东路路口为A段，草寺东路至太平河为

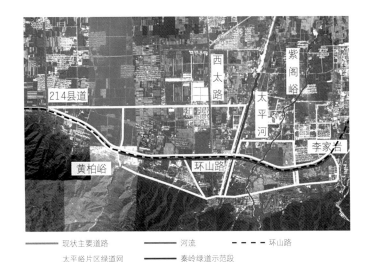

图1.11 太平峪片区绿道网规划图

现状主要道路 ———— 河流 ———— 环山路 - - - -
太平峪片区绿道网 ———— 秦岭绿道示范段 ————

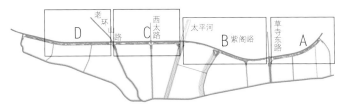

图1.12 总平面图（自左向右依次为D、C、B、A段）

B段，太平河至老环山路路口为C段，老环山路路口至黄柏峪为D段（图1.12）。

秦岭绿道示范段于2013年2月开始动工，其中的A段在2013年6月完工。期间有国家副主席李源潮，陕西省委、陕西市委领导考察调研。

1.2.3 秦岭绿道建设的必要性

1. 山麓区生态保护与建设（图1.13）

秦岭山脉资源丰富，基于生态保护与开发建设的矛盾，山麓区生态现状不容乐观，其原因既有自然因素，也有人为因素，具体表现在：植被破坏，水量急剧减少，河床干涸；污水随意排放，污染河流；挖沙采石挤占河道；建构筑物占压河床；滥砍滥伐，植被覆盖破坏严重，动植物生存环境恶化；飞播造林，植物种类日趋单一；外来物种入侵，区域生态平衡被破坏；偷猎活动猖獗，珍稀动物濒临灭绝；炸山采石，矿产开采，秦岭伤痕累累；开发建设，破坏山体形态；地质灾害频繁发生；随意开采地下水，造成山体不均匀沉降；历史文化资源缺乏保护；古村古镇历史风貌消失；宗教人文难以传承；地域文化逐渐消失。

绿道规划与建设以生态理论为指导，将人们的休闲游憩活动融入绿道缓冲区生态恢复、环境营造的过程中，有利于秦岭山麓区的生态恢复，可有效引导各类开发建设活动。

2. 绿道建设的意义

城市化进程中，生活节奏加快，生态环境恶化，人们亲近自然的愿望愈加强烈，郊区游憩活动需求剧增，通过秦岭绿道的建设，一方面可以将"山"与"城"中的生态斑块、绿色基础设施、慢行系统等连接起来，形成"山"、"城"一体化慢行出行服务绿色网络。另一方面，环山绿道通过营造"长卷画轴"的线性空间，以追求自然、感悟自然、追寻和谐的人与自然的关系为目的，打造显山露水的生态廊道系统，提供人们健康、丰富、更具内涵及更具特色的休闲方式。最后，秦岭绿道的规划与建设也是对目前秦岭生态保护与开发的一种新的尝试：山麓型绿道的建设是城乡活动区与山麓自然保护区的缓冲带。

私搭乱建　　　　　　　　　　水体破坏　　　　　　　　　　挖山采石

图1.13 秦岭山麓区现状

（1）产业结构转变，农民增收，绿道的致富效应。

秦岭山麓型绿道建设串联产业与资源点，串联沿线村镇产业，激活村镇经济发展；串联沿线人文资源点，带动旅游发展；使山麓区农业产业升级，促进第一产业发展，引导第一产业向第二产业、第三产业转化；带动沿山路乡村致富，增加农民就业渠道，带动餐饮住宿消费，拓宽农产品销售渠道。

（2）休闲方式转变，体验丰富，绿道的休闲效应。

秦岭山麓型绿道建设提供了休闲游憩场所，提倡绿色出行的理念，提供了一个休闲度假、野外体验的休闲场所，丰富了区域生活方式，可以进行果蔬采摘、垂钓娱乐、农业观光，展示宗教民俗文化，保护文化遗产，宣传文化遗产，展示文化遗产。

（3）生态环境改善，青山绿水，绿道的生态效应。

秦岭山麓型绿道使自然环境恢复治理，修复河道景观、峪口景观、山体景观；改善沿线环境卫生，美化沿线村镇立面，清理沿线村镇垃圾，解决沿线村镇排污问题；提升秦岭生态效益，提升环山路绿化率，改善山麓区坡面绿化，减缓城市热岛效应。

秦岭山麓型绿道建设，同时使新、老环山路焕发新的活力，新环山路、老环山路、自行车道三线功能独立，共同为秦岭的经济、旅游、生态建设保驾护航。以绿道建设为抓手，全面带动秦岭生态保护。

1.3　大秦岭绿道研究目的与意义

本书以大秦岭绿道为研究对象，探讨山麓区绿道网络选线及详细规划设计方法，并对绿道建设进行评价及建议，旨在总结出山麓型绿道网络规划设计及建设经验，形成方法论，为后续山麓型绿道设计提供理论指导，为山麓型绿道建设提供多样的信息和数据。

大秦岭绿道将被打造成为中国最长的山麓型绿道、西北第一条大型绿道、1600km大秦岭的首条绿道，所以本书将对秦岭绿道起到很好的展示和宣传作用，可以将绿道视为致富路、游憩带等，让广大市民对于绿道有一个全面的认识。

1.4 大秦岭绿道研究内容与框架

1.4.1 大秦岭绿道研究内容

本书立足于大秦岭——大西安山城一体关系的背景，研究山麓型绿道选线方法、详细设计手法，针对秦岭绿道示范段，展开针对五大绿道使用主体的POE评价，最后，结合总规选线、详细设计及POE评价分析结果，给出绿道规划设计及建设的经验及启示。

1.4.2 大秦岭绿道研究框架（图1.14）

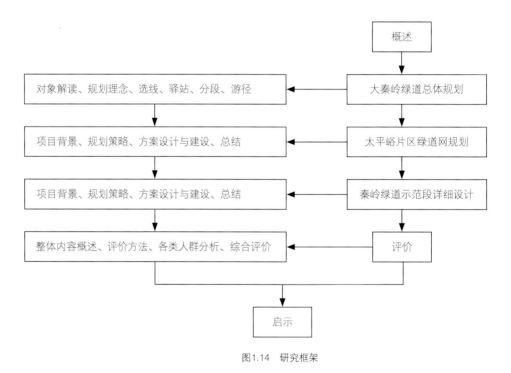

图1.14 研究框架

总规篇 >>>>>
——大秦岭绿道总体规划

　　山麓型绿道因其优越的地理位置、秀美的自然环境，已成为绿道体系的重要组成部分，但目前对于山麓型绿道的研究与实践，具有发展迫切性、理论空白性及建设盲目性的特点。本章通过绿道选线方法的综述，在概括说明山麓型绿道选线方法探索的必要性后，具体以大秦岭绿道总体规划为例，在借鉴适宜性分析法、AHP法及综合评分法等基本选线方法的基础上，针对山麓区环境的特殊性，明确提出了"3-4-4-5"的规划理念、山麓型绿道选线原则、选线策略以及"景观资源提取—现状道路提取—图面路径比较—现场调研调整—最佳路径布设"的"五步骤选线法"，以此来完善山麓型绿道理论，指导绿道建设，为山麓区绿道选线探索了一条切实可行的路径。

2.1 绿道选线理论概述

2.1.1 绿道选线方法概述

1. 绿道选线方法综述

"我国的绿道研究兴起于20世纪90年代，基于对西方理论与实践的借鉴而发展迅速。"[1]近年来，对于绿道的选线方法问题研究引起较多关注，通常运用适宜性分析法、AHP法及综合评分法这三种方法，对设计范围内的景观资源和连接路径进行综合评价，依据得分情况或重要程度确定选线布局（图2.1）。

"AHP法（层次分析法）是在一个多层次的分析结构中，最终被系统分析归结为最低层相对于最高层的相对重要性数值的确定或相对优劣次序的排列问题。"[2]"综合评分法是用于对评价指标无法用统一的量纲进行定量分析的场合，而用无量纲的分数进行的一种综合评价方法。"[3]在实践中，通常利用GIS等专业软件处理图像和数据，然后在应用上述方法的基础上，通过资源分析与评价、初步选线、可行性验证、最终定稿、整体定位等步骤完成绿道选线工作（图2.2）。

关于绿道选线的研究近年来在我国有所发展，包括同济大学张笑笑、北京林业大学王璟、西安建筑科技大学丁文清、安徽农业大学阮隩胜等人在城市游憩型绿道选线流程、选线方法方面的研究，福建农林大学栾春民对于城郊游憩型绿道选线原则方面的研究，重庆大学陈婷对山地城市绿道的研究，对不同空间类型的山地城市绿道选线进行了不同的探索。

（1）城市游憩型绿道选线方法与流程研究

张笑笑（2008年）在《城市游憩型绿道的选线研究——以上海为例》一文中结合绿道和游憩的概念，提出了城市游憩型绿道的概念，并利用AHP法对上海市黄浦区、静安区和卢湾区进行了详细的绿道选线设计，演绎了游憩型绿道的选线方法。运用适宜性分析法、AHP法对设计范围内的景观资源和连接路径进行综合评价，依据得分情况确定选线布局。

绿道适宜性分析则是对土地本身的环境背景，经由各项因子判断其与绿道规划适宜性的关系并给分，累加得分后再根据使用目的乘以权重，得出土地使用的适宜性分布，来规划绿道系统。具体流程步骤为：定义土地使用功能、空间资料收集、确定权重关

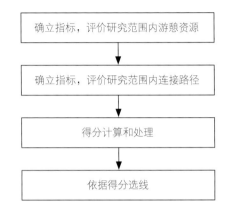

图2.1 城市游憩型绿道选线流程

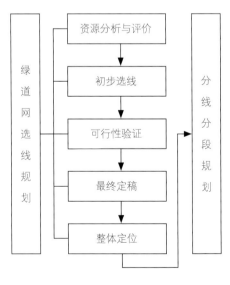

图2.2 选线规划步骤

系、资料整合和分析、输出评价结果。

王璟（2012年）在《我国城市绿道的规划途径初探》中使用GIS等专业软件处理图像和数据，或者采用AHP层次分析法对游憩资源进行分析与评价；资源评估之后，按照自然、文化、游憩、交通等进行分类选线，将分类选线用千层饼模式进行叠加，得出初步选线；再利用绿道的功能生态性、连通性、可达性以及多功能性进行可行性验证；最后定稿并对选线进行分段定位。

阮隆胜（2010年）在《安庆市城市绿道路线规划理论与方法的研究》中采用对连接路径的适宜性分析和综合评分确定选线布局。综合评分法是用于对评价指标无法用统一的量纲进行定量分析的场合，而用无量纲的分数进行的一种综合评价方法。

综合评分法是先分别按不同指标的评价标准对各评价指标进行评分，然后采用加权相加，求得总分。其顺序如下：确定评价项目、制定出评价等级和标准、制定评分表、根据指标和等级评出分数值、数据处理和评价。

丁文清（2010年）在《城市绿道景观规划设计研究》一文中基于城市绿地系统角度将城市绿道定义为城市绿地系统中的公园绿地，是城市的带形公园系统，它为市民提供一个不受机动车干扰的完整的步行空间，是城市生态系统的组成部分，并为城市的景观风貌营造了完整连续的视觉体系。绿道选线综合考虑到城市各个地块的服务半径，以线性空间带动、服务于更多的地块和街区。绿道可以是商业街步行系统的一部分，可以是居住区集中绿地的一部分，可以是开放公园主要道路的一段，甚至可以是铁路之上的一个高台公园。也就是说，用线性串联的方式将城市绿地系统中的各类绿色空间进行串联，绿道选线方法是建立在城市绿地系统规划的基础上的。

（2）城郊游憩型绿道选线方法研究

栾春民（2012年）在《城郊游憩型绿道规划设计研究》中通过对绿道生命值和自然资源的游憩价值评定以及人民行为习惯的分析总结，以游憩资源空间与人的心理需求的关系为基础，对城郊游憩型绿道提出了具体的选线方法。

通过调查分析加强绿道适用于城市、乡村人们游憩需求的游憩性节点的建设，并以此实现选线控制。与城区的距离应适中，考虑区位因素，最好位于城市上风向，避免来自城市污染的影响。根据客源分析、交通可达性、资源分析三方面的内容来确定。将功能布局和交通系统两个方面作为绿道选线的主导因素。在功能布局上将城郊游憩型绿道分为生态保护区和休闲游憩区。考虑绿道布局模式、游憩性能要求、建设条件等因素，避免大填大挖，尽量保留原有生态模式和自然景观，在此基础上对绿道的线路进行选择。结合开敞空间的边缘，采取长藤结瓜的模式，以线穿点，以点带面。

（3）山地城市绿道选线方法研究

陈婷（2012年）在《山地城市绿道系统规划设计研究》一文中，依据山地城市概念提出了山地城市绿道概念，提出在受天然资源和地形因素影响较大的山地城市特殊空间形态中，绿道的含义可以包含绿色通廊、山城步道、冲沟视廊等山地特色空间。山地城市绿道系统规划设计也是通过对这些特色空间的研究，加以整合和系统化而得出的。提出山地城

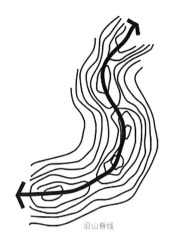
沿山脊线

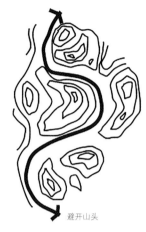
避开山头

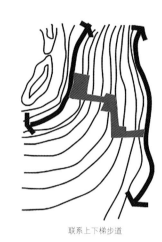
联系上下梯步道

图2.3　山脊线形绿道选线方法

市绿道系统特殊的结构、类型和设计策略，针对山脊线型绿道空间（图2.3）、滨水岸线型绿道空间、崖线型绿道空间、冲沟型绿道空间、山城步道型绿道空间、沿道路型绿道空间等不同类型空间提出了不同的选线策略与方法。

2. 山麓型绿道选线研究的必要性

作为城乡活动区与山岳自然保护区，如何协调保护与开发的关系，是目前相关理论发展的重点。

目前对于山麓型绿道理论的研究与实践，具有发展迫切性、理论空白性、实践盲目性的特点。从现实的需求来看，我国存在着大量山地型"城缘风景区"。这些风景区在地理空间上位于城市边缘地带，对城市性质功能、产业发展、空间布局、交通选线、绿化生态等起着重要的影响作用；功能上优化城市生态，保护生物多样性，承载城市旅游业的发展，为市民提供休憩场所。由于城镇化进程的加快，这类山地型城缘风景区必将面临城市建设的开发和影响，而在实践中日益成为绿道建设的重点区域，但由于其特殊的地理区位和生态特征，容易遭受城市化、人工化及商业化的侵蚀，因而山麓型绿道建设往往具有其复杂性与矛盾性，常常涉及发展与保护的矛盾。

从既往研究来看，目前对于山麓型绿道的理论研究探索较少涉及，在实践中往往直接采用山地城市绿道、郊野绿道等规划方法进行。一方面，山麓型绿道因其特殊的地理位置、环境属性、生态指标等方面均不同于城市绿道，直接套用会造成实践的盲目与偏差；另一方面，山地城市型绿道所采用的一些基本方法与原则，如果能够结合山地型城缘风景区的特殊性，则仍然可以应用于山麓型绿道，成为其选线的主要工具。

从上述分析来看，针对目前绿道发展状况以及山麓型绿道建设的迫切需要与理论空白，我们必须对山麓型绿道进行研究，归纳其定义，寻找其内涵，挖掘其本质，才能找到最适宜的山麓型绿道的规划设计方法，建立山麓型绿道理论基础，为迫在眉睫的山麓型绿道建设提供理论基础和方法支撑。

2.1.2 绿道游径布局形态

　　游径布局最大的原则是综合考虑主体供给和客体需求两个层面的综合分析，即：绿道作为主体能够提供什么资源，包括生态资源；使用者作为客体，对于主体来说，其需求有哪些，包括自然风光、新鲜空气等。将这两个方面综合起来，即可以总结出几种具备相对优势的游径布局模式（表2.1）。

国际六大游径布局模式与其特点　　　　　　　　　　表 2.1

类型	模式图	特点	适用类型
线形游径布局		能最有效地连接两点，距离最短，但如果想由终点回到起点，必须按原路返回	适合于狭窄的绿道
环形游径布局		为不同绿道游径使用者提供了多种可能。但起点和目的地是同样的，缺乏多样性	主要用于环湖和水库地区
多环式游径布局		由两个或多个环形区围绕一个独立的靠近游径起点的环形区共同组成	适合于不同能力大小的使用者游憩之用，也可作运输之用
卫星式环形游径布局		提供了一系列从中心向外围辐射的环形和线形游径，满足不同游客群体的需求	适用于更大规模的地区性绿道
车轮式环形游径布局		较大区域的景观处理，同时满足游憩和运输之用	运用在更大区域范围内
迷宫式游径布局		通过一系列相互连接的环形和线形游径，能提供最大可能的选择路线以及最多类型的交叉点	—

具体采用上述哪一种游径布局模式，需考虑绿道所处的地段特点、绿道的走向及配套设施布局情况。具体到如何选择绿道游径适宜的结构类型以及游径的宽度、纵坡及横坡等，仍需在后期详细设计中进行确定。

2.2   大秦岭绿道总体规划研究过程与方法

2.2.1   大秦岭绿道选线规划

大秦岭绿道选线规划采用"3-4-4-5"模式进行实践研究，"3-4-4-5"即三大选线目标、四大选线原则、四大具体策略、五大操作程序。

1. 三大选线目标（图2.4）

绿道发展具有阶段性，山麓型绿道的建设不是一蹴而就的，需要制定不同的阶段目标，绿道建设的投入力度和政策支持会随着社会的发展逐渐完善，制定阶段目标是为了在现阶段更好地完成山麓型绿道建设成果。

山麓型绿道目标一：开辟若干区域自行车游步道线路，建立覆盖重点区域的局部山麓自行车环线网络。

山麓型绿道目标二：建立一条覆盖山麓区的全线贯穿的山麓自行车游憩体系。

山麓型绿道目标三：建立一个集生态恢复、游憩休闲、文化展示为一体的山麓区复合廊道体系。

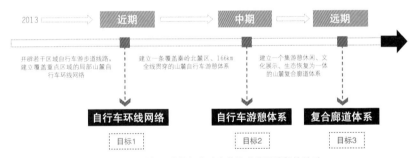

图2.4   绿道发展阶段与秦岭北麓绿道发展阶段的关系

2. 四大选线原则（图2.5）

山麓型绿道选线原则是在景观生态学、社会学、游憩学、心理学等理论的支撑下，综合考虑所有因素，围绕效益最大和损失最小的总原则而确定的。总原则又可以拓展为四个分原则，即最小干预原则、最大展示原则、线路多样原则、主题丰富原则。最小干预原则是生态学的体现；最大展示原则、线路多样原则、主题丰富原则是以最小干预原则为基础，在社会学、游憩心理学、

图2.5   选线原则

环境行为学等角度制定的原则，使得使用者能够在一次游览过程中，体验到最多的、不同的、丰富的游憩类型。

（1）最小干预原则：在山麓区这一类城市与山体过渡地带，具备生态多样性和生态脆弱性的生态特征，过大的建设活动会加剧山麓区的景观破碎化程度，最小干预原则使得山麓型绿道在开发建设量和生态损失量上具有一定优势。

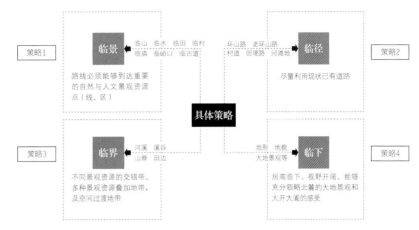

图2.6　选线策略

（2）最大展示原则：线路选择在相同资源点的不同位置、不同角度，带给使用者的视觉及心理感受也不尽相同，具体选择的线路应有利于最大程度地展示地域特征及景观资源。

（3）线路多样性原则：一方面，在线形游径的基础上，结合周边的景观资源点，综合采用环形或多环形的游径布局模式。另一方面，结合地段的高差、山麓地貌及资源点等，绿道的平面线形及纵断面线形可以有丰富的变化。

（4）主题丰富：在有限的绿道布设长度前提下，绿道选线应使人们感受到不同地域主题的景观风貌。

3.　四大具体策略（图2.6）

在选线原则的指导下，将选线策略进一步明晰在具体的实际手法上，四大策略分别为临景、临径、临界、临下。

（1）临景，是在社会学角度提出的选线策略，最大程度地连接较好的社会资源，形成游憩资源网络。具体做法是在选线时紧邻重要的自然和人文景观点（线、区），如峪口、古栈道、庙宇等。

（2）临径，是从生态学角度提出的选线策略，在山麓区背景下，为了不破坏现有的"斑块—廊道—基质"状态，尽量利用现状道路进行综合设计，从低碳角度出发，尽量不进行大规模额外的道路建设。

（3）临界，是从生景观生态学角度提出的选线策略，"界"是指不同景观资源的交错地带、多种景观资源的叠加地带以及空间过渡地带，通过景观生态学中的适宜性分析法将不同类型的景观元素分层叠加，寻找边界，尽量不穿越景观基质和斑块，不影响其生态效益。

（4）临下，是从美学角度提出的选线策略，良好的视觉感受是游憩体验的重要指标，视点的选取需要充分尊重现状高差，居高临下，营建良好的视景画面，来展示山麓区优美的自然环境和景观界面，通过视点位置的选取和视线的空间组织来达到这一目标，具体做法为居高临下，视野开阔，能够充分领略山麓区的大地景观，感受大开大合的空间感受。

4.　五大操作程序（图2.7）

山麓型绿道选线方法采用"五步骤选线法"，以适宜性分析法、视觉分析法、层次分析法、AHP法、GIS软件分析法、景观学综合分析法作为选线方法基础，对资源按类型建立评价体系并分层提取叠加，选取得分较高的资源点（线、面），根据山麓区地形、环境特殊性，进行现场调试调整连接路径，综合比较研究，最终形成选线走向与布局，具体步骤如下：

第一步：景观资源提取

在卫星图及线条图上进行地形地貌识别、景观资源识别，结合资料对重要景点、景物进行标注，对峪口、河谷、村庄、农田、林地等不同类型的景观进行分层提取及叠加，形成现状景观资源分布图。

第二步：现状道路提取

在图纸上对所有现状道路设施进行标示，主要区分各类现状道路，区分公路、村路、田间路，形成现状道路设施分布图。

第三步：图面路径比较

将上述资源图及设施图进行叠加，按照选线的四大策略及两大原则，在叠加图上进行初步的路线选择，提出两个以上方案，进行评价比较。

第四步：现场调研调整

到达基地，对各种景观资源进行实地评估，对路线进行实地踏勘考察。

第五步：最佳路径布设

综合各种因素，对线路进行修正调整，确立最终的选线布置方案。

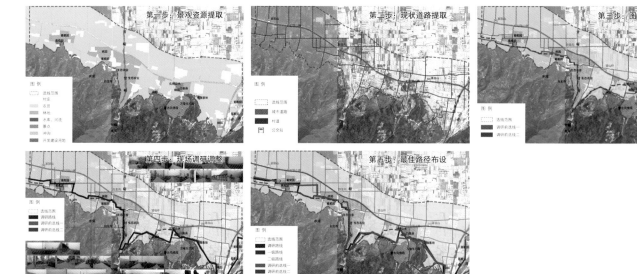

图2.7 甘峪—涝峪示范段绿道选线流程与方法

2.2.2　大秦岭绿道驿站规划

山麓型绿道配套设施，俗称驿站，规划内容包括管理设施、商业服务设施、游憩设施、环境卫生设施、交通服务设施、照明设施及标识设施等。

1. 布局模式

因山麓区空间的特殊性，大秦岭绿道驿站规划采用串珠式构建模式。串珠式设施构建模式是指在驿站分级分类原则下，结合绿道主轴线，契合山麓区横向空间，将各级驿站串联起来的规划布局方法（图2.8）。

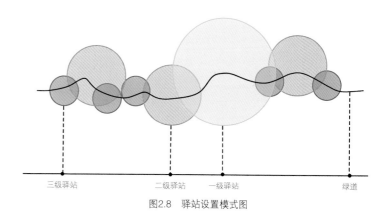

图2.8　驿站设置模式图

2. 驿站设置原则

（1）总体原则

大秦岭绿道驿站配置的总原则为结合地形、结合交通集散点、结合现有村庄、结合峪口、结合人流量（表2.2）。

（2）分级设置原则

一级驿站的设置结合主要规划发展片区，结合现状主要交通集散点，满足旅游集散功能。

二级驿站的设置充分考虑结合重要的景区出入口、重要的古镇名村以及峪口景点。

三级驿站的主要功能为休憩，其布设的位置充分考虑人流量、使用频率及休憩心理等因素，结合现状补充性资源进行布点。

3. 驿站分级配置内容

大秦岭绿道驿站规划需要分级配置。一级驿站包含管理中心、游客服务中心、自行车租赁点、售卖点、饮食点、文体活动场地、休憩点、公共卫生间、垃圾箱、标识牌、公交站点、公共停车场、出租车停车等设施。二级驿站包含自行车租赁点、售卖点、文体活动场地、休憩点、公共卫生间、标识牌。三级驿站包含售卖点、休憩点、公共卫生间、垃圾

驿站设置总体原则模式表　　　　　　　　　　　　　　　　　表2.2

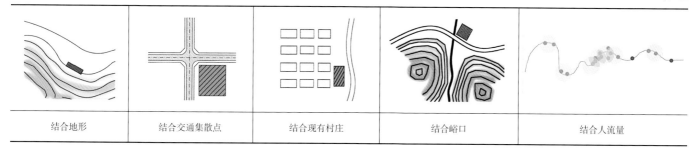

结合地形	结合交通集散点	结合现有村庄	结合峪口	结合人流量

驿站分级配置指标   表2.3

类别	项目	一级驿站	二级驿站	三级驿站
管理设施	管理中心	○	……	……
	游客服务中心	○	○	……
商业服务设施	自行车租赁点	○	○	……
	售卖点	○	○	○
	饮食点	○	○	……
游憩设施	文体活动场地	○	○	○
	休憩点	○	○	○
环境卫生设施	公共卫生间	○	○	○
	垃圾箱	○	○	○
停车设施	公交站点	○	○	……
	公共停车场	○	○	……
	出租车停车	○	○	……

注：○ 需配置 ○ 可配置 …… 不需配置

山麓区绿道指标体系（研究指标）   表2.4

	一级驿站	二级驿站	三级驿站
占地面积	2500m²	500m²	50m²
接待能力	3000 人、300 辆以上机动车、自行车 3000 辆	1000 人、自行车 2000 辆	50 人
设置位置引导	绿道主要入口、与城市道路交叉口处	一级绿道线路上、景观视线良好之处	二级绿道线路上、景观视线良好之处

箱、标识牌。驿站配置内容应按照实际情况进行详细设计（表2.3）。

4. 驿站设置指标

作为山麓型绿道的一个重要部分，参考国内外相关案例，绿道指标体系标准如表2.4、表2.5所示。

5. 与现有设施共享

在山麓型绿道建设选线调研阶段，要摸清绿道经过区域内服务设施状况，遵循低破坏、低开发、低成本的原则，使绿道驿站规划达到与区域服务设施共享。尤其是绿道穿村过镇时，为了降低建设开发量及增加当地农民收入，服务设施配建量需要考虑现有设施服务能力，最大程度利用现有服务设施。

2.2.3 大秦岭绿道游径规划设计

根据山麓区空间特性、游憩资源分布情况以及卷轴式游憩模式开展的需求，规划采用线形游径布局模式，局部地段采用环形游径或多环形游径布局模式（图2.9）。

驿站分级配置指标   表2.5

分级驿站	概念	设计原则	意向图片
一级驿站、二级驿站、三级驿站	售卖点	可根据绿道类别和游客购物意愿，结合当地条件和文化特色设置	
	休憩设施	1. 应结合较好的景观； 2. 慢行道两侧的休憩点应采取港湾式布局	

续表

分级驿站	概念	设计原则	意向图片
一级驿站、二级驿站、三级驿站	公共卫生间	1. 绿道出入口、广场等人流量大的区域附近; 2. 间距不大于 1.5km	
	垃圾箱	1. 设置在绿道出入口、广场等人流量大的区域附近; 2. 间距不大于 500m	
一级驿站、二级驿站	自行车租赁点	1. 设置在交通停靠点、游客服务中心、休憩点等处; 2. 结合绿道起点、终点、重要交叉口	
	文体活动场地	1. 位置在安静休息区、游人密集区及游径之间; 2. 设计要安全,结合地形,满足人的活动习惯	
一级驿站	管理中心	1. 靠近交通便捷地,严禁在有碍景观的位置; 2. 结合现状建构筑物、体现地域特色	
	游客服务中心	1. 满足区域服务功能; 2. 充分利用现有设施; 3. 考虑与其他设施融合	
	饮食点	1. 绿道出入口、驿站、村庄、景观节点等; 2. 设计要体现本土文化,运用当地本土建材	
	公交站点	1. 结合绿道出入口、驿站等人流集散点配置; 2. 服务半径 1000m	
	公共停车场	1. 结合绿道出入口、驿站、现有设施配置; 2. 结合自行车停车场; 3. 设置间距按 2km 计算	
	出租车停车	1. 结合绿道出入口、驿站、现有设施配置; 2. 结合风景点、公园、车站等公共设施	

1. 布局模式简明

连接相邻峪口的距离最短，在单位时间内领略到更多的峪口景观，布局结构
清晰简洁。

2. 经济效益突出

占用土地规模较小，开发建设量相对较小，对自然的干扰最小，达到最经
济效果。

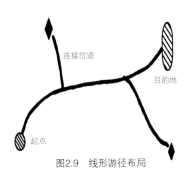

图2.9 线形游径布局

3. 辅助交通通廊

强化东西向的联系，节假日人流量高峰期可缓解环山路交通压力，成为一条临时"交通辅道"。

2.2.4 大秦岭绿道标识系统规划

1. 标识系统功能分类及设置原则

大秦岭绿道标识系统依据其不同功能可以分为引导标识、解说标识、命名标识、指示标识及禁止、警示标识五大
类。引导标识一般设置于绿道出入口、绿道驿站或绿道交叉路口附近；解说标识一般设置于峪口、景点、古迹等处；命
名标识一般位于地标、景点、建筑等处；指示标识用于指示绿道、驿站方向、位置及距离；禁止、警示标识设置于需要
发出禁止提示的区域。

绿道标识的设置需要遵循三个原则：一是要有效指向结合峪口、道路交叉口、驿站、停车场、景点等；二是要有适
宜的频度；三是要位置醒目。

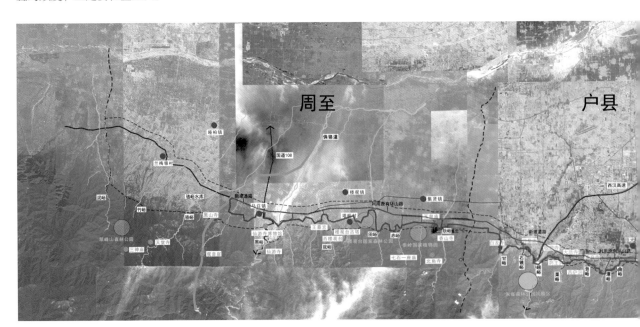

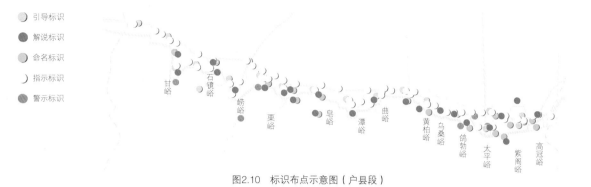

图2.10 标识布点示意图（户县段）

2. 标识布点示意图（户县段）

根据不同的功能，依据标识设计原则，将大秦岭绿道户县段作为示范段进行标识规划（图2.10）。

2.3 大秦岭绿道总体规划方案

2.3.1 选线规划

1. 选线生成（图2.11）

本次大秦岭绿道选线西至倘骆道，东至蓝田玉山镇。一级线路总长293.3km，二级线路总长226.7km，其中新建道路

图2.11 大秦岭绿道选线规划

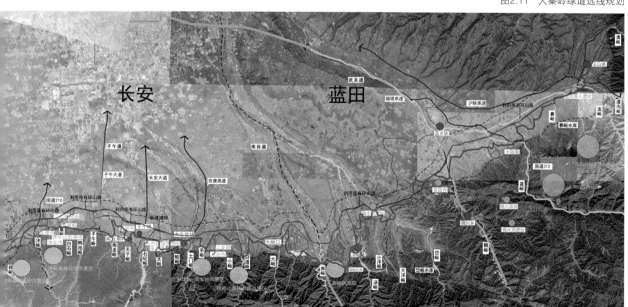

长度为150.8km，利用原有道路359.2km，经过村庄184个。

2. 选线特色

本次大秦岭绿道选线共有四大特色，分别是：串接所有山麓资源；选线结合多种地形，多视角欣赏秦岭北麓大地景观；选线充分结合游憩心理，张弛有度；选线时多主题段落划分，增加游憩的趣味性与参与性。

首先，绿道选线串联了所有山麓资源，包括43个峪口（如太平峪、沣峪、库峪、高冠峪、黄柏峪、黑峪、汤峪等），10个水库（如杨庄一库、杨庄二库、甘峪水库、寒峪水库等），63个景点（如翠峰山森林公园、仙游寺博物馆、楼观台古镇、朱雀森林风景区、关中民俗博物馆等）（图2.11）。

图2.12   大秦岭绿道选线规划——地貌

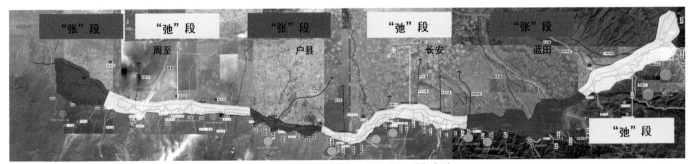

图2.13   大秦岭绿道选线规划——"张、弛"序列

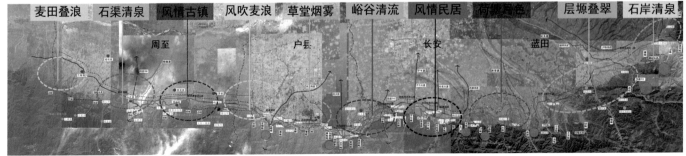

图2.14   大秦岭绿道选线规划——主题风貌

其次，选线结合多种地形，台塬沟壑带和平原缓冲带错落分布，可以给赏游者提供多视角欣赏秦岭北麓大地景观的可能性，增加了赏游的趣味性（图2.12）。

接着，选线充分结合游憩心理，张弛有度。"张"段与"弛"段 交错布置，给赏游者提供不同的心理感受，满足其心理需求（图2.13）。

最后，选线采用多主题段落划分的形式，共有十个主题，分别是：麦田叠浪、石渠清泉、风情古镇、草堂烟雾、峪谷清流、层塬叠翠、风吹麦浪、风情民居、荷塘月色、石岸清泉，增加游憩趣味性与参与性（图2.14）。

3. 分段选线展示

（1）周至段（图2.15）

周至段资源：8个峪口、6个古镇名村、14座寺庙遗迹、3个风景名胜、1条古栈道。

周至段绿道选线一级线路长86.6km，二级线路长52.9km；利用原有道路长53.4km，新建道路长86.1km；经过村庄43个；一级驿站1个，二级驿站3个，三级驿站6个。本段的主题特色有石渠清泉、风情古镇。

（2）户县段（图2.16）

户县段资源：13个峪口、2个古镇名村、14座寺庙遗迹、2个风景名胜。

户县段绿道一级线路长44.4km、二级线路长38km；原有道路长54.8km、新建道路长17.6km；经过村庄36个；一级驿站1个，二级驿站5个，三级驿站10个。本段的主题特色有风吹麦浪、草堂烟雾。

（3）长安段（图2.17）

长安段资源：18个峪口、7个水库、5个古镇名村、11座寺庙遗迹、5个风景名胜。

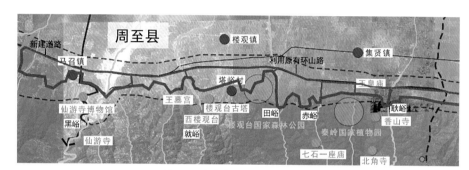

图2.15 大秦岭绿道周至段选线规划

图2.16 大秦岭绿道户县段选线规划

图2.17 大秦岭绿道长安段选线规划

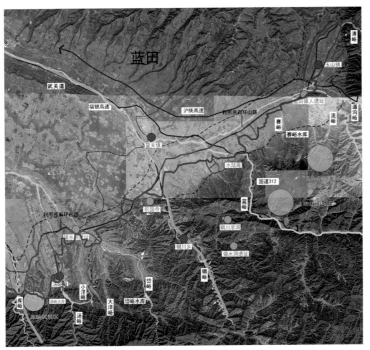

图2.18   大秦岭绿道蓝田段选线规划

长安段绿道选线一级线路长75.4km，二级线路长89.6km；原有道路长128.2km，新建道路长36.8km；经过村庄57个；一级驿站1个，二级驿站5个，三级驿站10个。本段的主题特色有峪谷清流、风情民居、荷塘月色。

（4）蓝田段（图2.18）

蓝田段资源：11个峪口、3个水库、2个文物古迹、2个风景名胜、2座寺庙。

蓝田段绿道选线一级线路长86.9km，二级线路长46.2km；利用原有道路长90.1km，新建道路长43.0km；经过村庄48个；一级驿站1

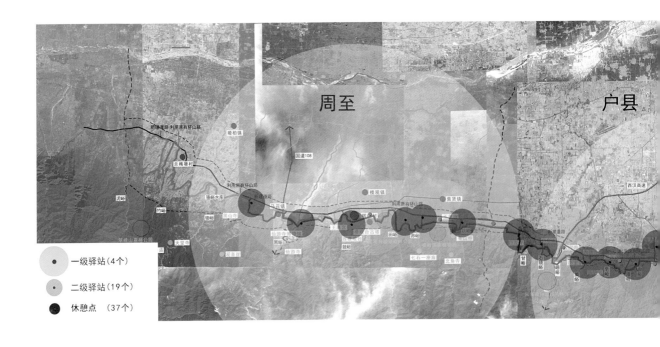

个，二级驿站6个，三级驿站11个。本段的主题特色有石渠清泉、层塬叠翠。

2.3.2　驿站规划

本次大秦岭绿道驿站设置共60个，利用现有村庄34个。其中一级驿站4个，分别为楼观驿站、太平峪驿站、翠华山-南五台驿站以及汤峪驿站；二级驿站19个，包括马召驿站、敬居寺驿站、大峪口驿站等；三级驿站37个（图2.19）。

图2.19　秦岭北麓区西安段绿道驿站规划

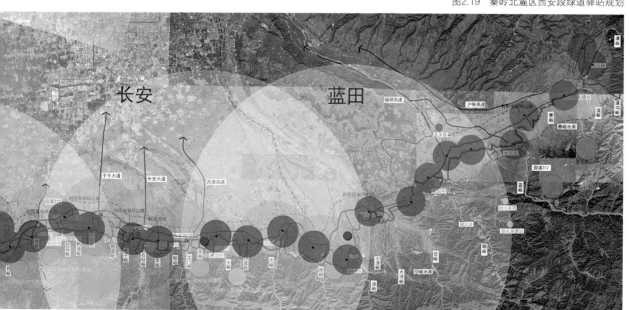

示范篇 >>>>>
——太平峪片区绿道网设计与建设

3.1 山麓型绿道设计理论研究

山麓型绿道详细设计类型应属于综合思维设计和生态设计的复合类型，基于山麓区所处区位和空间的特殊性，设计价值观理应固定在生态领域，但它又不得不面临着常规实践项目的现实使命，所以山麓区详细设计是建立在生态角度的常规景观营建。因此，绿道不是造景，绿道以自然赏景为主，营建活动的目的都是让人们更好地亲近自然、感悟自然。

3.1.1 山麓型绿道设计内容研究

山麓型绿道详细设计层面的研究重点在于地形设计、植被设计、游径设计（包括特殊地段设计）及设施设计四个方面（图3.1），即如何塑造地形、植被、游径及设施，使之符合山麓区郊野气质、乡土气息、生境特性和山水气韵。

地形设计研究需要回答的问题是：在山麓区空间环境内，如何利用与塑造地形？

植被设计研究需要回答的问题是：如何进行植被与群落规划使之符合秦岭北麓生态格局？如何进行植物的林冠线和种类设计？如何通过植物进行空间序列塑造？

游径设计研究需要回答的问题是：哪种游径内容以及参数可以满足不同的使用人群的需求以及山麓区环境氛围？

设施设计研究需要回答的问题是：哪种设施的配建内容、设计原则、设计风格更符合山麓区空间特质？

3.1.2 山麓型绿道设计原则

1. 区域协调策略

区域协调策略是指在设计层面要符合山麓区郊野气质、乡土气息、生境特征以及特殊的山水气韵。

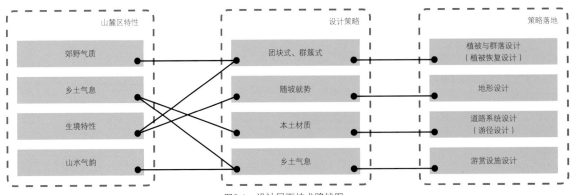

图3.1　设计层面技术路线图

山麓区郊野气质是一种有别于城市环境的空间氛围，在详细设计的过程中，如地形的塑造、慢行道材质的选择、驿站风格的设计、植被类型的设计都需考虑郊野的氛围和自然乡土气息。

2. 低开发策略

基于生态保护原则，在山麓区空间内，以低开发为主要策略。

3. 合理的游憩节奏（图3.2）

（1）游憩节奏设计原则

结合地形；结合景点；结合需求。

（2）游憩节奏设计要点

其一，植被空间节奏设计；其二，地形节奏设计；其三，特殊游径节奏设计；其四，休憩节点节奏设计。

3.1.3 地形设计研究——自然式

1. 地形设计原则

针对郊野气质和生境特性，地形与高程设计采用随坡就势的自然式地形营造法。

（1）尊重自然地形

充分考虑原有地形，因地制宜，少做土方，降低工程成本。不宜塑造过硬的地形边界，以体现原地形的自然风貌为主（图3.3）。本着"利用为主，改造为辅"的原则。

（2）满足使用主体的需求

骑行的过程中，根据游憩节奏，有起伏变化的地形容易给骑行者带来愉悦感，使骑行体验不单调，充满乐趣，所以，地形设计要在局部地段进行变化，不宜过缓，不宜过陡，以缓坡为主，避免出现高差较大的陡坡。针对不同体能和不同需求的使用者可设计多条供选择的路径，在不同游径的坡度选择上也有所不同，地形塑造时需要为游径布局提供多种坡度方案（图3.4）。

（3）满足其他设计要素的设计要求

地形的设计要结合植被、游径、设施设计同步进行，功能化处理地形的同时，要满足各要素设计的条件，避免各设计要素各自为政，导致区域景观效果不协调，形成乏味的景观氛围。

地形设计与其他要素的设计应该是相辅相成的，在自然环境中，植被与地形的关系

图3.2　游憩节奏设计模式

形态自然　　　　　　　　　形态僵硬

图3.3　地形塑造形态选择

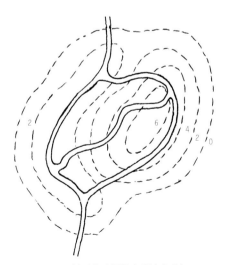

图3.4　地形塑造提供多种坡度游径

相比较其他要素（设施、游径）来说，其关系处理是最重要的。考虑到良好的地形与植被关系，植被种植应在微地形背坡面种植（图3.5），如种植在迎坡面则植被会阻挡视线，地形营造的效果将消失（图3.6、图3.7）。

2. 地形设计的功能

（1）空间组织

通过地形设计可以组织游览空间，平阔的地形可以给人开敞感，无方向性，导向性不强。半围合地形则给游览者一种朝向开敞面的方向感。围合地形空间可以给人以封闭感。根据具体的设计主题和地段地形现状组织不同的游览空间。

（2）视线营造

除了不同类型（封闭、半封闭半开敞、开敞）的视线外，起伏的地形给游览者提供不同的视点，形成不同的视线感受。

（3）提供不同的骑行感受

根据绿道的使用功能（骑游为主），通过地形的塑造可以达到不同的骑行感受，尤其在一般骑行者和专业骑行者之间，不同的地形高差可以设计不同的线路（图3.4）。

3. 地形设计策略

（1）平地策略

平坦地形的特点是容易营造开敞的景观氛围，视野开阔，骑行阻力较小，对于平地的地形策略为少做土方，以现状地形为主（图3.8）。平地地形适宜做休憩广场、节点以及驿站。

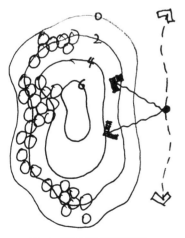

图3.5　背坡面种植视线关系

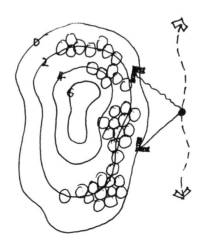

图3.6　迎坡面种植视线关系

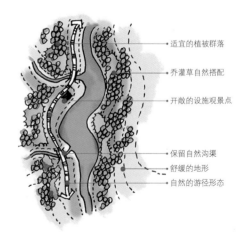

图3.7　沿河绿道的各类要素格局

（2）坡地策略

坡地地形的特点是容易产生较好的景观效果，易于赏景，设计合理视点可以营造较好的视线廊道，对有高差的地形进行保留，随坡就势进行地形整理（图3.9）。

（3）复杂地形策略

复杂地形是指天然和人工形成的特殊高差地形，如沟渠、等高线较密的河岸、人工水沟等，对于高差较大的地形进行填充或架桥处理（图3.10）。

3.1.4　植被设计研究——团块式

植被设计应符合大秦岭山麓区植被形态的规划模式，植被与群落规划要突出生态性，植被美学设计要能够充分结合环境，强化林冠线。植物种类的选择要考虑到季相和色彩的变化，通过对植物林缘线的设计营造骑行空间序列。

1.　生态设计：基于秦岭北麓生态格局构成的植被与群落规划

（1）植被覆盖方式的确定

植被覆盖方式是指地表被植物覆盖的方式，具体指植被以林地、草地、灌草和林草的某种方式覆盖土地，可以类比一个地区的群落组成。秦岭北麓浅山地带植被在分布、种类构成上的特殊性，要求植被种类的多样性，生存条件的多样性；只有这样的生境条件首先被满足，人工种植的植被才能发挥良好的生态作用。

根据地带性植被规律的研究得出以下结论：

秦岭浅山地带性植被是落叶阔叶林（夏绿林带），其中以栓皮栎和麻栎为主，侧柏仅是群落演替过程中的先锋种群。这一结论包含了两层含义：落叶阔叶植物是主要植物类型，而对应的常绿植物居次要比例。该结论是山麓地区所有人工种植的基本前提，也是确定沿山绿道人工种植植被覆盖方式的重要依据。因此，绿道人工种植植被类型应以落叶阔叶林为主，群落竖向结构以林、草构成为主。大面积的人工种植单草地、单灌丛的人工种植群落，是不符合基本自然规律的，其结果将降低林地生态生产力。

（2）林地合理宽度

绿道对林地的生态廊道需求尺度，可以尝试应用景观生态学原理中对生态廊道宽度阈值的概括。绿道人工林地尺度确定的依据：从生态学角度上讲，对于草本植物和鸟类而言，12m是区别线状和带状廊道的标准，也就是说，具有生态学意义的廊道最小宽度应该是12m，12m以上的廊道中，草本植物的多样性平均为12m以下宽度的廊道的2倍以

图3.8　平地地形处理策略

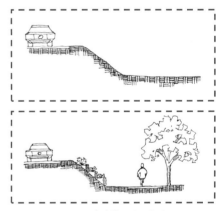

图3.9　坡地地形处理策略

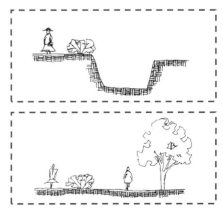

图3.10　复杂地形处理策略

景观生态学中关于廊道宽度的数值区间变化表   表 3.1

宽度值（m）	功能及特点
3 ~ 12	廊道宽度与植物和鸟类的物种多样性之间的相关性接近于零，基本满足保护无脊椎动物种群的功能
12 ~ 30	对于草本植物和鸟类而言，12m 是区别线状和带状廊道的标准，12 ~ 30m 能够包含草本植物和鸟类多数的边缘种，但多样性较低
30 ~ 60	含有较多草本植物和鸟类边缘种，但多样性仍然很低
60/80 ~ 100	对于草本植物和鸟类来说，具有较大的多样性和内部种，满足动植物迁移和传播以及生物多样性保护的要求
100 ~ 200	保护鸟类，保护生物多样性比较合适的宽度
≥ 600 ~ 1200	能创造自然的、物种丰富的景观结构，含有较多植物及鸟类内部种

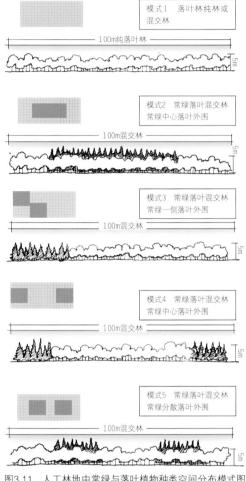

图3.11　人工林地中常绿与落叶植物种类空间分布模式图

上。12 ~ 30m 能够包含草本植物和鸟类多数的边缘种，但多样性较低，满足鸟类迁移，保护无脊椎动物种群，保护鱼类、小型哺乳动物。30 ~ 60m 含有较多草本植物和鸟类边缘种，但多样性仍然很低，基本满足动植物迁移和传播以及生物多样性的保护要求，保护鱼类、小型哺乳类、爬行类和两栖类动物。本次绿道的宽度设计在 20 ~ 50m 的范围内，基本上满足了生态学意义上廊道的最小尺度，能够发挥一定的生态作用（表3.1）。

（3）地域植被风貌与种类设计

依据秦岭北麓地带性植被分布规律研究，本区域植被风貌特点为：以落叶阔叶林为主，常绿针叶植物为辅。植物以人工保育和自然恢复的次生林为主，并且主要分布于秦岭浅山区域25°坡以下地区。因而在自然状态下，秦岭浅山的植被中，针叶类常绿植物不会以大面积纯林的方式分布，而是以团簇的方式，零星状分布于落叶阔叶林群落中。因此，绿道植物景观规划不应违反这一自然规律，即不会出现常绿植物构成的纯林。

秦岭北麓落叶阔叶植物的具体种类，应以耐旱的壳斗科栎属为主。栎属主要以栓皮栎林为主。山前冲积扇区域以板栗为主，平原农耕区域村庄四旁种植果木和用材，以柿树、板栗、核桃、桃、杏、枣、皂荚、槐树等植物为主。以同类型落叶阔叶植物为人工林地的主要构成种类，以少量的常绿针叶植物为辅。

参照植物群落学，秦岭北麓林地内部种类的构成与分布方式有两种：人工种植纯林和人工种植混交林。人工种植纯林并非是单一的种类，而是同一类型或同一科属的不同种类的乔木。混交林中常绿针叶植物和落叶阔叶植物的混交方式依据常绿植物形成的团簇在阔叶林中的位置，分为三种：居中型、一侧型、两侧型（图3.11）。

（4）植物种群与群落演替设计

植物个体、群落，无论是自然生长还是人工培育，都是随时间发展、变化、演替的动态过程。在绿道植物景观规划和种植设计中，是否考虑到绿道植被的演替过程，也是衡量植物景观规划的生态目标实现的依据之一。

在种植设计中，基本有两种林地种植培育和分期方式：①以5年为进阶周期，模拟自然植被的群落构成，配置种植成龄的苗圃苗木，快速形成青壮龄林地的外貌；②以10年为进阶周期，采集秦岭浅山次生森林落叶层（土），敷设于部分设计的林地范围内，即用森林表土的种子层，通过人工培育森林植物种类，并保护其生长过程的演替方式，并以此方式形成林地。显然，第二种方式更容易实现地带性植物种类的多样性，并扩大绿道内种类扩散的几率，是一种自我演替式的生长方式，所培育的植物群落，更趋近于自然稳定的状态。

秦岭绿道示范段植物景观规划设计中，尝试将部分设计林地的位置保留，不采用壮龄苗圃苗木的方式成林，而是在预留林地位置内，以秦岭浅山次生林下的落叶层腐殖土种子层进行人工管理萌芽、培育，并自然演替，形成阔叶混交林（图3.12）。

2. 美学设计：视景画面构成的林冠线和种类设计

（1）画面感构成

在山麓绿道的游憩过程中，视线所获得的画面感主要来自于远处山脊线与近处林冠线的构图。这是山麓区域的大地尺度的画面构成。因此，以秦岭浅山山脊线为背景的优美林冠线的设计成为了植物景观的视觉美设计的主要目标。

（2）林冠线设计

绿道主要的构图设计在于林冠线与山脊线的画面构图方式。山脊线是林冠线的背景，林冠线与山脊线的构图关系可以基本概括为相辅式和相错式两种。相辅式，即在慢行系统的主要视点上，林冠线波动随山脊线起伏；而相错式，是山脊线与林冠线两线的谷峰相叠（图3.13）。

林冠线是树冠与天空交接的线。林冠线设计有四种方式：①不同树形的树种搭配，以圆形、卵形、圆锥形、伞形等不同树种进行单配种植来形成林冠线。②疏密、错落、高低结合。③林地以不同树龄的植物配置。④与地形结合种植同种树种。

（3）季相、色彩设计与植物种类选择

季相，是指植物在一年四季的生长过程中，叶、花、果

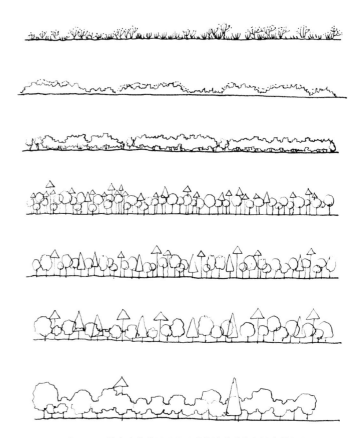

图3.12　培育森林种子层土形成林地种群的自然演替方式

的形状和色彩随季节而变化所表现的外貌。开花时、结果时或叶色转变时，更能让观者感受到季节的更替和时间的流逝。这也正是传统园林中，无论咫尺山林的私家园林还是气势恢宏的皇家园林，到今天大地尺度的景观规划设计，都对植物所传达的自然季节变化有美好的场景设想的原因。季相设计是植物景观规划设计的重要内容。传统园林及现代城市绿地中的种植，是以建筑单体、建筑群或城市尺度为参照，组织植物的季相色彩变化，一棵、一丛、一小片体量的秋叶或春花植物均可形成季相场景。

秦岭山麓区，山体、农田、果林、苗圃林是土地的覆盖方式，同时也是视觉感知中的参照物。因此，秦岭绿道的植物景观的季相规划也应参照大地尺度和生产的尺度，结合农业、林业产业及分布情况，布局林地的季相色彩。植物季相景观的尺度也应符合上述林地尺度规模的推理结果。在图3.14中，以大秦岭北麓绿道子午大道至马召为例，在80km绿道内规划18项具有植物季相特点的景观，通过环山路和绿道的游憩过程，使人们感知到不同的季节。

季相植物的种类可以比照秦岭北麓浅山自然植被形成的季相特征，以同科属、同类型、季相特征相似的植物共同构成绿道人工林地的季相，而不是以单一的一两种植物构成季相，即季相相似类型的植物，如壳斗科栎属的乔木，适应秦岭北麓气候特点的有近十种，槭树科槭属的乔木有十多种。这些相似植物种类都可以构成相近的季相色彩。

3. 游憩设计：长卷式游观中的空间序列塑造

（1）游憩感知特征

秦岭山脉沿东西向呈带状绵延，这一自然特征使得山麓区域视线所见的浅山山体和山脊线也呈东西向连绵不绝，其画面感本身就是一幅横幅长轴画卷。秦岭山麓区绿道中的游憩过程正是以"游观"的方式，欣赏这一长轴画卷。人的游观体验，是在游憩过程中不断移动所获得的不同空间感和视觉画面所构成的。

游观横幅长轴画卷的特征，是大秦岭山麓区绿道游憩空间最重要的场景特征。可以推断，与山脊线有关联的绿道，其游憩体验都有类似的特性。游观过程中人们不断移动和变化的视点所在的空间，是由植物形成的连续的游憩空间序列。这一连续的游憩空间序列包括4点：林地规模、植物空间边界、空间的开合节奏及封闭方式（图3.15）。

图3.13　秦岭沿山路绿道人工林地林冠线与山脊线

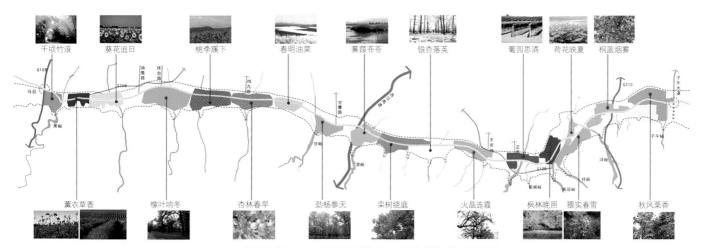

图3.14　秦岭北麓（80km）植物景观策划，主要由植物季相景观形成

（2）主要游憩感知方式需求下的林地规模

大秦岭绿道有3种速度的感知方式，即步行、骑行和车行。这三种不同的游憩方式对植物景观的需求尺度不同。依据不同的游憩速度确定林地规模和与观者视点间的距离，即林地距自行车道的距离。

根据相关研究，至少需要5s的注视时间才能获得景物的清晰印象，也就是从开始注视到看清楚必须经过一定时间。我们主要从步行速度（5km/h）、骑行速度（15km/h）、车行速度（80km/h）这三个方面来确定林地的尺度。通过5s时长的计算，步行、骑行与车行经过的距离分别至少为7m、21m和110m，取三者的交集100m，因此可以确定绿道的林地规模至少要达到100m，才能在游憩过程中被车行、骑行、步行的人们感知到，形成良好的视觉效果。

以环山路车行速度80km/h计算，应至少在7m范围内不种植高大乔木，而种植地被植物，7m以外再种植林木；以

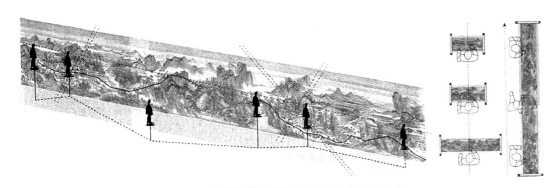

图3.15　中国传统横幅长轴画卷的游观方式与绘画方式

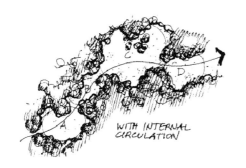

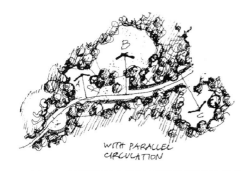

图3.16   林缘线限定与骑行空间的边界和围合模式

自行车骑行速度15km/h计算，在自行车道两侧1.5m的范围内不应种植大的乔木，使人在一定的速度下获得良好的景观感知。

不同速度下路边景物的最小距离取三种游憩方式的交集，即110m。

（3）游憩节奏与植物空间类型

绿道中最主要的游憩方式是骑行。在山麓区绿道中，骑行游憩中的空间，主要由植物、林地形成的边界所构成。空间的开敞、封闭、半开敞半封闭的封闭程度是由植物，即林地边界对骑行道区域的不同围合程度形成的。同时也间接影响人的骑行速度：开敞空间中，快行少观景，半开敞空间中，慢行观中景，封闭空间中，于林下和林中穿行观近景。因此，林地边界的封闭程度和方式影响游憩速度。林缘线是骑行路径的植物景观设计要点（图3.16）。

（4）林缘线设计

林缘线是人们感知到的林地植物所形成的空间的边界。小尺度种植所形成的林地，林缘线是指树冠垂直投影在平面上的线；而以土地尺度为参照的山麓型郊野绿道中的大面积林地，林缘线是指林地由主体林过渡到灌草、草地等低矮植被或其他覆盖底面的边界。林缘线设计的方式：①不同冠幅的树种搭配；②树林的疏密；③用灌木强调林缘线；④与道路线形的关系。

3.1.5   游径设计研究——本土化

1. 游径参数设计

游径是绿道建设的主体，在总体选线规划的指导下，游径是绿道中人们最主要的使用空间，它可以是人们游览的路径，也可以是自行车、轮滑等使用的路径，当然它也可以是水上的路径。总之，它是在绿道中承担游憩型交通功能的载体。游径依据人们的游憩方式有不同的分类，本文针对目前国内最主要的游憩方式将其分为两类：步行及骑行（表3.2）。

2. 游径宽度与坡度的确定

一级道路应满足人行、自行车混行，满足消防救援车辆通行以及保证能够进行国际山地自行车比赛的最低标准。综合上述因素，一级道路宽度为3.5～4m，坡度以3%为宜，最大不超过8%。

二级道路应保证双车并行，每条车道1m，加双侧向净空宽度为0.25m，共2.5m。综合上述因素，二级道路宽度为2.5m，坡道以3%为宜，最大不超过8%。

游径方式与游径参数研究 表 3.2

游径类型	尺度界定	详细尺寸图
步行游径	步行游径的最小宽度一般是两个人并列行走的最短宽度 1.50m，而能够让步行者进行无障碍会晤的最小距离为 2.25m。在设计中我们要求步行游径的宽度不小于 1.50m，最好能够达到 2.25m	步行道的基本尺寸（m） 最小宽度　步行者无障碍会晤的步行道宽度
自行车及各类轮滑游径	自行车游径又分为单向单行道、单向双行道和双向双行道三种，单向单行道的游径宽度最少为 1.00m，单向双行道为 2.00m，双向双行道是 1.60 ~ 2.00m	有绿带与车行道隔离的自行车道最佳解决方案　　双向交通间必需的绿化隔离带

3. 不同类型绿道空间设计指导

山麓型绿道设计强调野趣，以体验山麓乡土环境为主，游憩节奏有别于城市游憩内容。在一定的间隔内可以设置封闭植被空间，骑行、步行采取穿行的方式通过；地形变化除满足骑行要求外，尽量采取现有地形变化节奏。如果骑行地形过于平坦，可适度增加颠簸段设计；游径铺设材质可适度变化，通常以沥青路面为主，间隔一段距离可铺设特殊乡土材质（石磨、原生木等）；按照骑行生理要求设置休憩点，满足休息之用，节点节奏变化与配套设施同步设计。

山麓型绿道不同类型游径设计策略 表 3.3

绿道空间类型	设计策略
平地型绿道游径	游径顺应山体走势，力求自然协调，以具有良好的观山视线为最佳
滨水型绿道游径	游径顺应水体走势，协调人与滨水自然区域的关系
临路型绿道游径	保持游径与道路之间的开口和坡度走势
临村型绿道游径	游径需与村庄风格保持一致，设计土路、砂石路等游径
农田型绿道游径	游径充分利用田埂路或加设木栈道
冲沟型（峪口）绿道游径	廊道保留，梯级分台处理，梯、台结合，增强横向联系

因山麓区地形特殊，有平地、水体、道路、村庄、农田等空间，针对具体的绿道空间类型，需要不同的游径设计指导，才能够使游径避免单一，丰富多样，充满野趣（表3.3）。

根据绿道所处不同地段的临界情况，本项目选取典型地段进行绿道的断面设计，其形式有七种，分别是临山临田、临田临田、临田临塬、临林临林、临林临田、临水临田、临水临林（表3.4）。

游径全线形成林荫化效果，保证使用者健康、舒适骑行。行道树定植株距，应以其树种壮年期冠幅为准，最小种植株距应为4m。树种选择合欢、白杨、栾树、五角枫、银杏、樱花，根据不同路段的主题选择不同的主调树种。

4. 游径材质及做法

绿道游径材质类型选择时应结合秦岭北麓的地方特色，即秦岭气质，在常规的材质铺装中，需要增加乡土材质。

不同边界绿道断面示意   表 3.4

类型	慢行道断面示意图		断面适用路段示意图
	一级道路（3.5～4m）	二级道路（2.5m）	
临田临塬			
临林临林			
临山临田			
临水临田			
临田临林			
临田临田			
临水临林			

常规的材质为彩色透水沥青、彩色透水混凝土、彩色透水砖、砂石、木材、土等，位于城市或村镇内的绿道路面材质采用混凝土或透水砖，在自然环境中则以砂石、木材、土路为主（表3.5）。但为了保证通行性，绿道主干线应以透水砖或混凝土为主，适当增加乡土材质。另外，为了增加野趣和乡土气息，在部分路段可以采用废弃的乡土回收材料作为路面材料（表3.6）。

3.1.6 设施设计研究——乡土化

针对大秦岭山麓区具有的乡土气息和山水气韵，设施设计采用风格乡土化、生态化的设计手法。

1. 设施设计原则

（1）分级、分类、分项设置。

（2）低开发，设施精简，只用最必需的设施。

（3）与小品结合、与节点结合、与景点结合，满足使用者的需求。

（4）与现有服务设施结合，避免浪费。

2. 驿站设计策略

（1）结合功能设计

根据场地性质与用途，将驿站进行分类设计，结合各类功能节点，具体分为三类：门户性节点、交通性节点、休憩性节点。

门户性节点：在绿道起始端设置门户性节点，在满足休憩、停车等功能的前提下，突出节点的标识性。

交通性节点：在人流量较大的道路交叉口设置交通性节点，主要满足自行车分流与集散。

休憩性节点：在重要的自然或人文资源点附近设置休憩性节点，突出休憩与观景功能，同时节点本身具有较高的观赏品质。

（2）结合地域风格设计

新建驿站在整体造型、风格上要满足山麓区地域性建筑的基本要求，满足视觉心理上的协调感。设计体现了秦岭地域文化特征，

常规铺装材料及特性 表3.5

铺面材料种类	材料性能	适用范围	意向图
彩色透水混凝土	高透水性、高承载力、装饰效果好、易维护	自行车道 人行步道 活动场地	
彩色透水沥青	高透水性、夜间不反光、降噪吸尘、易维护	自行车道 人行步道	
彩色透水砖	良好渗水性、高载荷能力	自行车道 人行步道	
砂石（水刷石、卵石）	高透水性、提供特殊接触效果、易与环境协调	人行步道 活动场所	
木材（碎木块、木板路、桥梁甲板）	铺面柔性好、易与环境协调	人行步道	
土路	低成本、低维护、易与环境协调	任何场所	

回收乡土材料路面示意 表3.6

材料名称	意向图	材料名称	意向图
碎木材料		磨盘	
废弃砖		灰瓦	

图3.17   基于乡土化的山麓区绿道驿站设计意向

图3.18   基于风格乡土化的大秦岭绿道驿站设计

风格乡土化、质朴化，设计形式或设计元素可从当地乡村生活场景、乡村景观中提取，如磨盘、河石挡墙、农田肌理等（图3.17、图3.18）。

（3）改造或利用现有民居。

山麓区内村庄分布较多，绿道选线时，也会选择名镇名村进行穿越，在村内设置驿站，增加建设量和成本，选择适宜的村居进行改造利用，促进当地农民再就业，是一项生态又环保的多方共赢的举措。

3.2　太平峪片区绿道网及秦岭绿道示范段项目研究

3.2.1　项目概况

太平峪片区绿道网位于秦岭北麓关中环线以南，东起李家岩，西至214县道，机动车道全长13.5km，自行车道（步道）全长21.218km（图3.19）。

秦岭绿道示范段主要以沿环山路南侧为主，西至黄柏峪，东至李家岩，南北宽约50m。自行车道总长度为9.6km，规划面积约35hm²。

- - - - - 大秦岭绿道　◁▫▫▫▷太平峪片区绿道网

图3.19   秦岭绿道示范段区位图

3.2.2　太平峪片区绿道网规划结构

太平峪片区绿道网以山水、宗教及科技三大主题游线为底蕴，以秦岭绿道示范段为核心景观带，形成穿越七大环线、17处景点的复合绿网（图3.20）。

高新科技主题游线：

太平河—高新产业基地—老环山路—黄柏峪—化羊峪—化羊庙。

山水体验主题游线：

太平河—老环山路—优美胜地—圭峰山景区—黄柏峪。

文化体验主题游线：

建大草堂校区—草堂寺—太平河—户太八号基地—天下草堂别墅区—西安院子—亚健高尔夫球场—山水草堂别墅区—高冠博瑞园。

3.2.3　规划理念

通过对秦岭地域环境和文化特质的感知，提出秦岭气质和乡土气息的规划理念；通过对绿道设计要素的整合，提出五元归一的规划理念；通过对绿道建设主体和使用主体的认识，提出五位一体的规划理念。

秦岭气质：通过对秦岭山体气质的感知，赋形于绿道（图3.21）。

乡土气息：通过对秦岭乡村的意向提取，来表现绿道的地域文化特征（图3.22）。

五元归一：通过对五大设计要素（铺装、植物、地形、小品及设施）的设置，来挖掘绿道的设计形式（图3.23）。

五位一体：通过综合绿道五大不同使用主体的需求，来认识绿道的功能。五大主体为与绿道设计、建设及使用相关的骑行者、当地村民、风景园林设计专家、管理者及绿道所经过的权属单位，详见评价篇。

图3.20　太平峪片区绿道网规划结构

图3.21　太平峪片区绿道网规划理念——秦岭气质

图3.22　太平峪片区绿道网规划理念——乡土气息

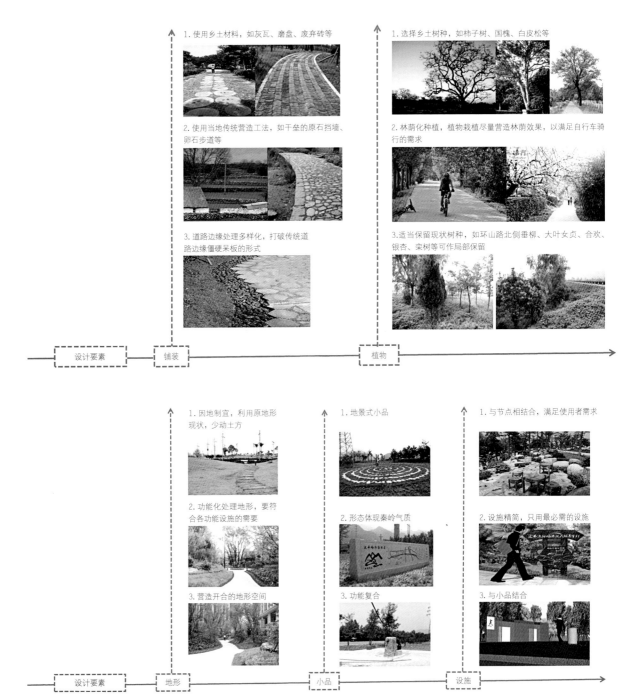

1. 使用乡土材料，如灰瓦、磨盘、废弃砖等

2. 使用当地传统营造工法，如干垒的原石挡墙、卵石步道等

3. 道路边缘处理多样化，打破传统道路边缘僵硬呆板的形式

铺装

1. 选择乡土树种，如柿子树、国槐、白皮松等

2. 林荫化种植，植物栽植尽量营造林荫效果，以满足自行车骑行的需求

3. 适当保留现状树种，如环山路北侧垂柳、大叶女贞、合欢、银杏、栾树等可作局部保留

植物

设计要素

1. 因地制宜，利用原地形现状，少动土方

2. 功能化处理地形，要符合各功能设施的需要

3. 营造开合的地形空间

地形

1. 地景式小品

2. 形态体现秦岭气质

3. 功能复合

小品

1. 与节点相结合，满足使用者需求

2. 设施精简，只用最必需的设施

3. 与小品结合

设施

设计要素

图3.23　太平峪片区绿道网规划理念——五元归一

3.2.4 规划策略

1. 视觉策略——显山露水

在景观节点或两侧均有良好视觉景观路段，移除环山路现状植被，疏植行道树，完全打开视线。

在视觉质量较差的路段，完全封闭视线，结合地形，植物配置通过片植或列植的方式形成视线封闭、曲径通幽的效果。

2. 植被策略——山林呼应

通过植物的团块化种植，使植物营造的林冠线与山脊线形成良好的呼应关系。

3. 地形策略——少做土方、制造微地形

对于平地的地形策略为少做土方，以现状地形为主。局部对有高差的地形进行保留，随坡就势进行地形整理。对于高差较大的地形进行填充或架桥处理。局部地段通过对微地形的塑造，形成不同的空间模式。

4. 风格策略——乡土化设计

节点设计体现秦岭地域文化特征，风格乡土化、质朴化，设计形式或设计元素可从当地乡村生活场景、农村景观中提取，如磨盘、河石挡墙、农田肌理等。

3.3 秦岭绿道示范段项目建设

3.3.1 基地现状

秦岭绿道示范段按照现状特质分为四段，李家岩至草寺东路路口为A段，草寺东路至太平河为B段，太平河至老环山路路口为C段，老环山路路口至黄柏峪为D段（图3.24）。

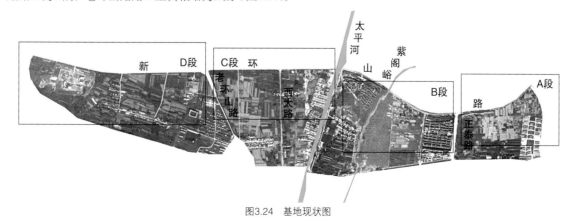

图3.24 基地现状图

1. 地形

A、B、C段地形起伏较小，最大高差为3m，D段高差较大，最大高差为7m。

2. 植被

基地范围内除农作物和部分道路绿化植被以外，其余均为野生植被，且种植形式较为单一，无美感，但部分成年树种具备观赏功能，在植被设计时可考虑移植，节省成本。

3. 构筑

基地范围内以道路用地和农业用地为主，包含部分建设用地，主要构筑物为权属单位内的建、构筑物以及部分农民自建房，除此以外，并无其他大型构筑物。

3.3.2 设计方案

1. 设计总平面图

根据现状用地性质和周围建设情况，设计范围为环山路以南平均50m左右，A、B、C、D各段方案总平面图见图3.25。

2. 道路交通组织

秦岭绿道示范段交通组织以现状交通框架为底，在道路交叉口与绿道的衔接处结合功能节点进行设计。

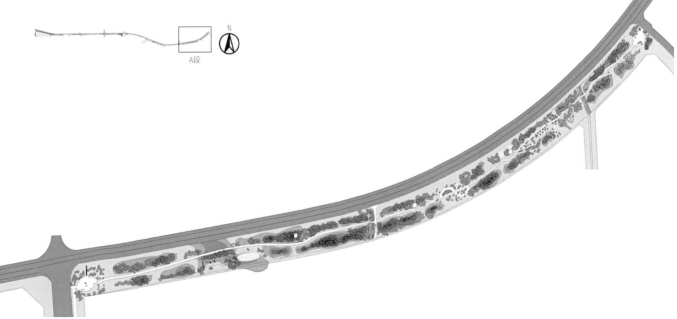

图3.25（a） 秦岭绿道示范段A段总平面图

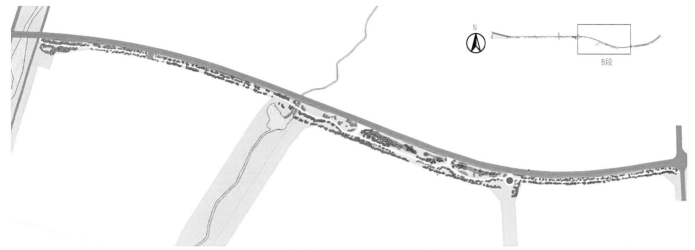

图3.25（b）　秦岭绿道示范段B段总平面图

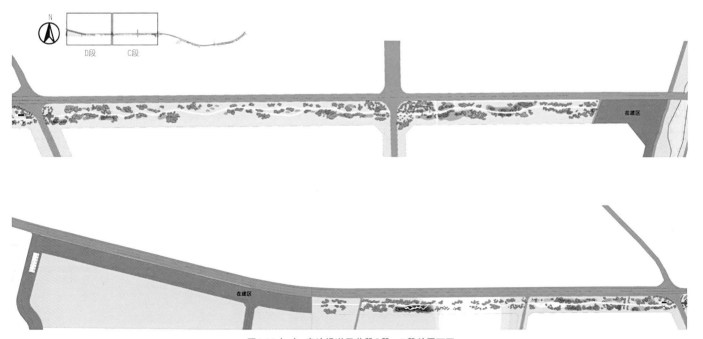

图3.25（c）　秦岭绿道示范段C段、D段总平面图

红绿灯位置设置于主要道路交叉点，可提升环山路的交通质量，保障环山路的交通安全及通畅。

下穿式道路设计可完善紫阁峪与北侧草堂寺的交通联系，不仅功能上能够满足通行，同时也丰富了环山路的交通形式（图3.26）。

3. 功能与节点设计

主要节点位于重要道路交叉口，其他景观节点位置按照5分钟步行距离间隔设定，多为开放空间及线性走廊，同时穿插一些大地景观（图3.27）。

道路交叉口节点功能包括公厕、停车场、自行车存放及租赁、农贸摊位、景观休憩设施等；一般性景观节点主要提供休憩、山水体验。

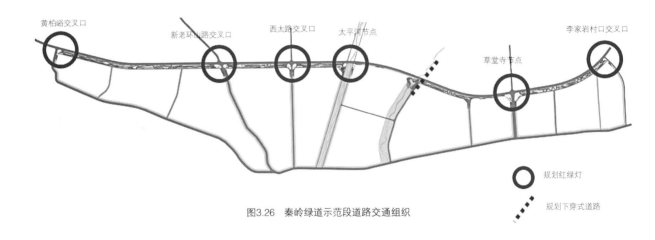

图3.26 秦岭绿道示范段道路交通组织

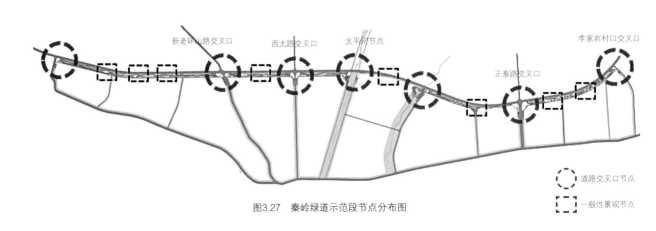

图3.27 秦岭绿道示范段节点分布图

3.3.3 建设成果

秦岭绿道示范段方案设计完成于2012年11月份，12月份开始正式施工，自东向西按A、B、C、D段依次进行。前期进行每一段的地形修整工作，针对场地内的地形、植被、建构筑物等限制因素进行完善和修整，然后进行现场的施工放样和基础地被植物的种植，最后进行乔木和灌木的种植。在此过程中，针对休憩节点的建设也在同时进行。

目前为止，A、B、C段基本竣工完成，D段正在施工。D段现状地形高差较大且周围用地性质较为复杂，施工难度大。

1. **A段成果**

地形平整和修复工作是本次建设的首要任务，也是建设实施的基本载体。地形要素的运用最为丰富的段落为A段，地形呈现出横向正弦曲线连贯效果。考虑到不同使用者的需求，同环山路的基本高度相比，绿道两侧的环境在整个线路中是起伏不定的（表3.7）。

植被种植工程是建设施工的第二个步骤，植被种植方式选用组团式种植，平均25m左右一个组团。

A段植被种类选取的常绿植物以油松、雪松、大叶女贞为主，落叶植物以樱花、青杨、国槐等为主，两种植被交错种植，在季相变化上形成一定的序列感。

A 段剖立面图　　　　　　　　　　　　表 3.7

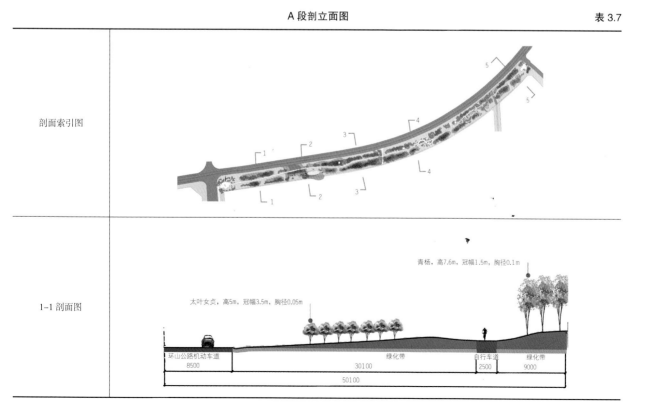

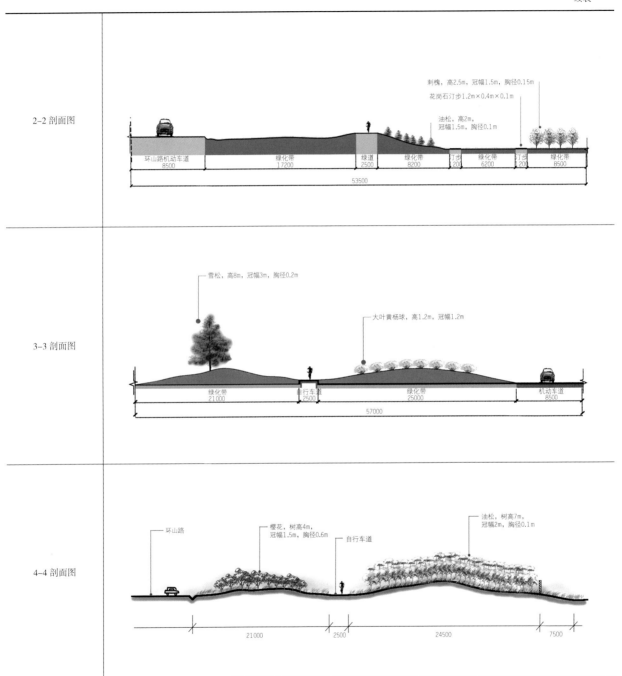

2-2 剖面图

刺槐，高2.5m，冠幅1.5m，胸径0.15m

花岗石汀步1.2m×0.4m×0.1m

油松，高2m，冠幅1.5m，胸径0.1m

| 环山路机动车道 8500 | 绿化带 17200 | 绿道 2500 | 绿化带 8200 | 汀步 200 | 绿化带 6200 | 汀步 200 | 绿化带 8500 |

53500

3-3 剖面图

雪松，高8m，冠幅3m，胸径0.2m

大叶黄杨球，高1.2m，冠幅1.2m

| 绿化带 21000 | 自行车道 2500 | 绿化带 25000 | 机动车道 8500 |

57000

4-4 剖面图

环山路

樱花，树高4m，冠幅1.5m，胸径0.6m

自行车道

油松，树高7m，冠幅2m，胸径0.1m

21000   2500   24500   7500

续表

5-5 剖面图	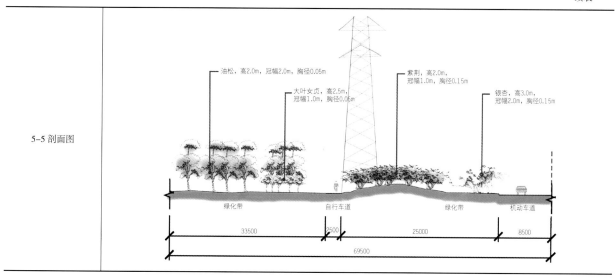

2．B、C段成果

B、C段的地形起伏较小，基本以平面骑行为主，这两段的用地都属于建设用地，已被开发商征用，在施工过程中有较多复杂因素，对地形的塑造较少（表3.8、表3.9）。

B段植被种植，充分考虑到周围用地类型，距离环山路较近，选用线性种植方式，靠近别墅区围墙处选用石榴、油松等植物散布种植，点状排列。

B 段剖立面图　　　　　　　　　　　　　　　　　　　　　　　　　　　表 3.8

剖面索引图	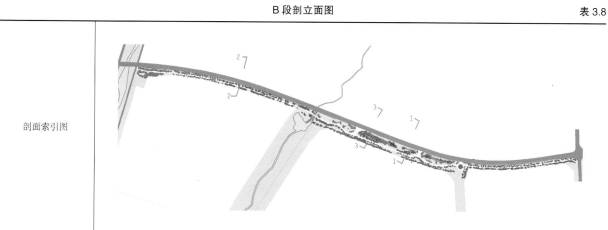

续表

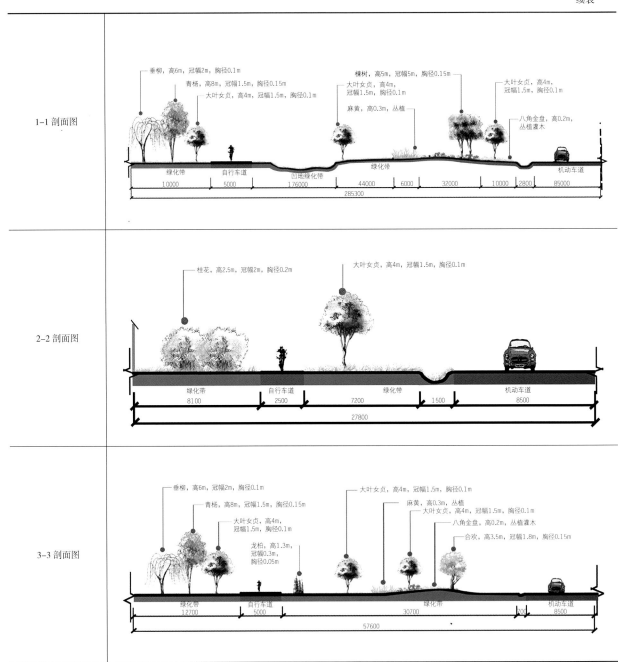

　　C段植物种植较B段来讲，组团节奏较为明显，跟整条绿道设计的整体节奏较为统一。植被种类的选择：常绿植物以油松、五针松、大叶女贞等为主，落叶植物有樱花、银杏等。

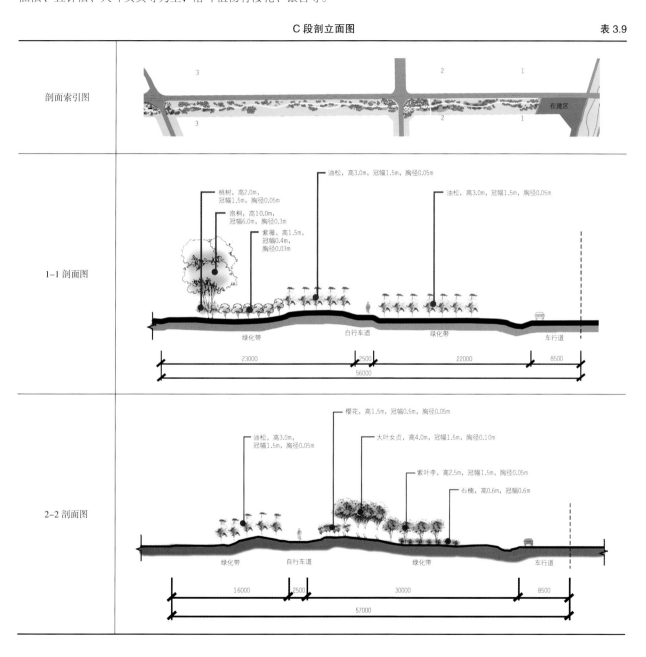

C段剖立面图　　　　　　　　　　　　　　　　　　　　　　　　　　　表3.9

续表

3-3 剖面图	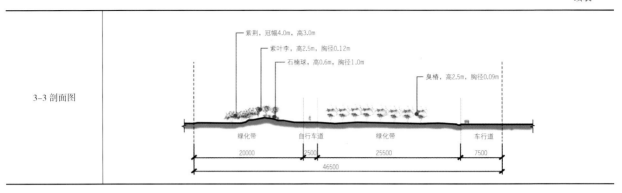

3. D段成果

D段正在施工，人为建造的地形较少，以对现状地形的利用为主，特别是权属单位"空管中心"段，地形起伏较大，高差最大为7m，对建设施工具有一定的干扰。

植被组团节奏感较强，常绿植物以油松、大叶女贞、冬青为主，落叶植物以柿树、苦楝为主。随着地形的变化，植被也随着调整，空管中心养老院门口处地形较高，起伏较大，且距离环山路较近，植物的种植相对密集，起到遮挡作用（表3.10）。

D 段剖立面图　　　　　　　　　　　　　　　　　　　　　　　　　　表 3.10

剖面索引图	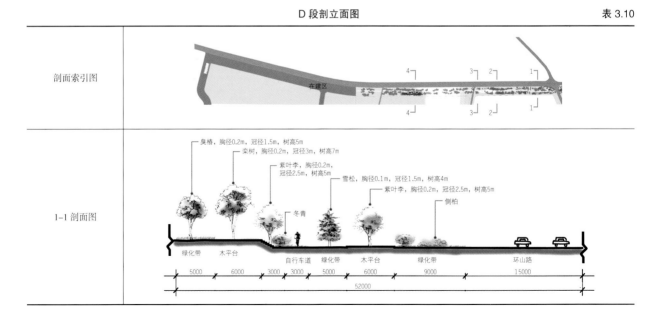
1-1 剖面图	

续表

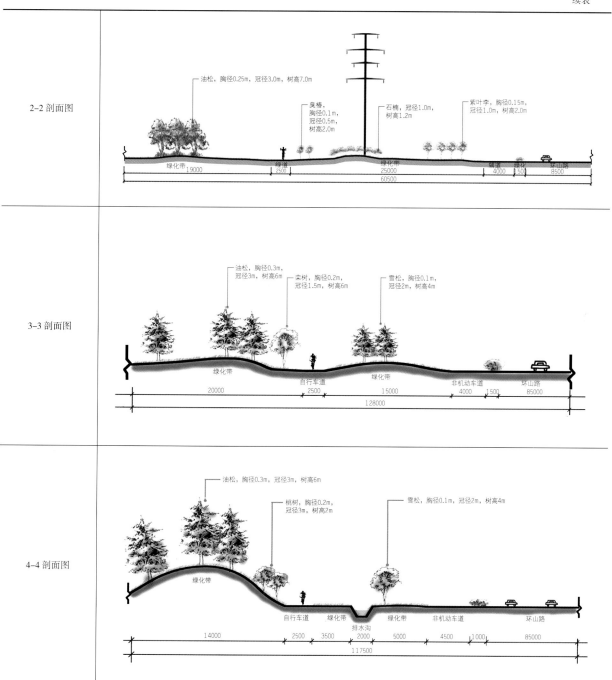

2-2 剖面图	
3-3 剖面图	
4-4 剖面图	

3.4   太平峪片区7公里绿道示范段建设对比分析

3.4.1   绿道建设纵向对比

1. A段（见表3.11）

A 段原貌、设计方案与建设成果纵向对比   表 3.11

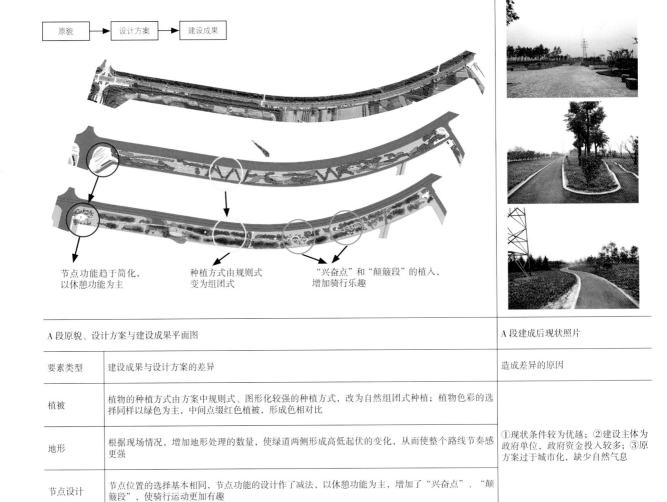

A 段原貌、设计方案与建设成果平面图		A 段建成后现状照片
要素类型	建设成果与设计方案的差异	造成差异的原因
植被	植物的种植方式由方案中规则式、图形化较强的种植方式，改为自然组团式种植；植物色彩的选择同样以绿色为主，中间点缀红色植被，形成色相对比	①现状条件较为优越；②建设主体为政府单位，政府资金投入较多；③原方案过于城市化，缺少自然气息
地形	根据现场情况，增加地形处理的数量，使绿道两侧形成高低起伏的变化，从而使整个路线节奏感更强	
节点设计	节点位置的选择基本相同，节点功能的设计作了减法，以休憩功能为主，增加了"兴奋点"、"颠簸段"，使骑行运动更加有趣	

图注：
节点功能趋于简化，以休憩功能为主
种植方式由规则式变为组团式
"兴奋点"和"颠簸段"的植入，增加骑行乐趣

2. B段（见表3.12）

B 段原貌、设计方案与建设成果对比

表 3.12

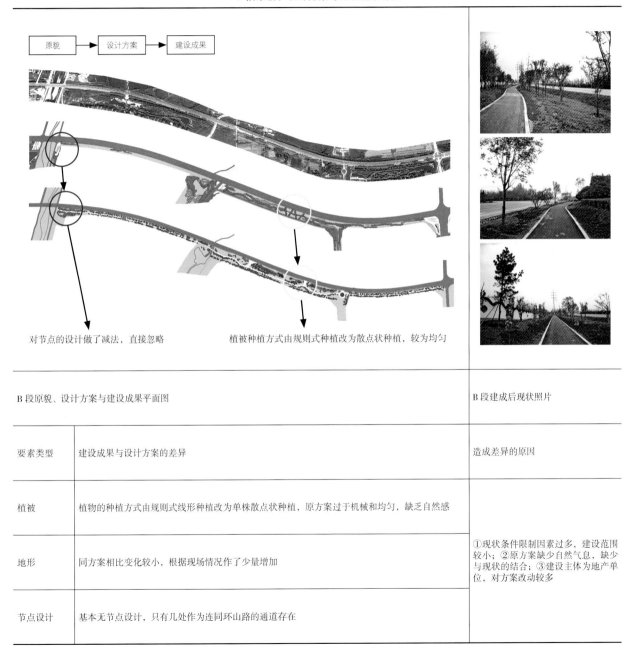

要素类型	建设成果与设计方案的差异	造成差异的原因
植被	植物的种植方式由规则式线形种植改为单株散点状种植，原方案过于机械和均匀，缺乏自然感	①现状条件限制因素过多，建设范围较小；②原方案缺少自然气息，缺少与现状的结合；③建设主体为地产单位，对方案改动较多
地形	同方案相比变化较小，根据现场情况作了少量增加	
节点设计	基本无节点设计，只有几处作为连同环山路的通道存在	

B 段原貌、设计方案与建设成果平面图　　　　　　　　　　　　B 段建成后现状照片

3. C段（见表3.13）

C 段原貌、设计方案与建设成果对比   表 3.13

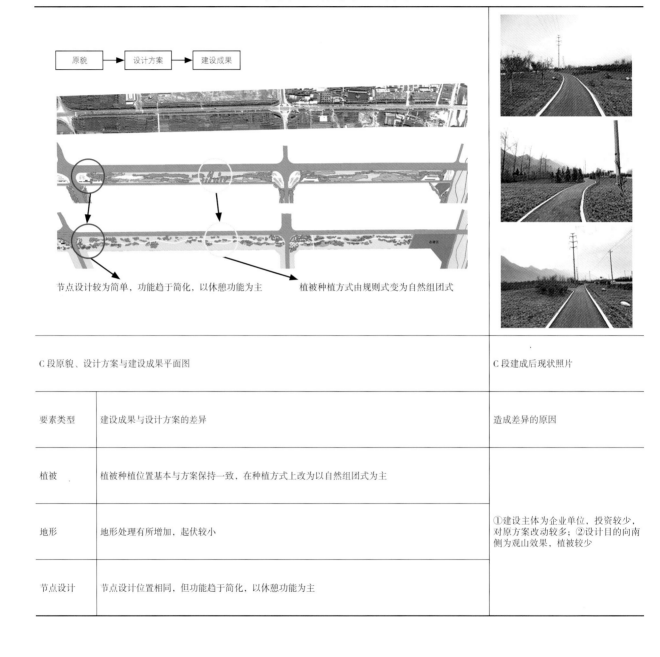

要素类型	建设成果与设计方案的差异	造成差异的原因
植被	植被种植位置基本与方案保持一致，在种植方式上改为以自然组团式为主	①建设主体为企业单位，投资较少，对原方案改动较多；②设计目的向南侧为观山效果，植被较少
地形	地形处理有所增加，起伏较小	
节点设计	节点设计位置相同，但功能趋于简化，以休憩功能为主	

4. D段（见表3.14）

D 段原貌、设计方案与建设成果对比   表 3.14

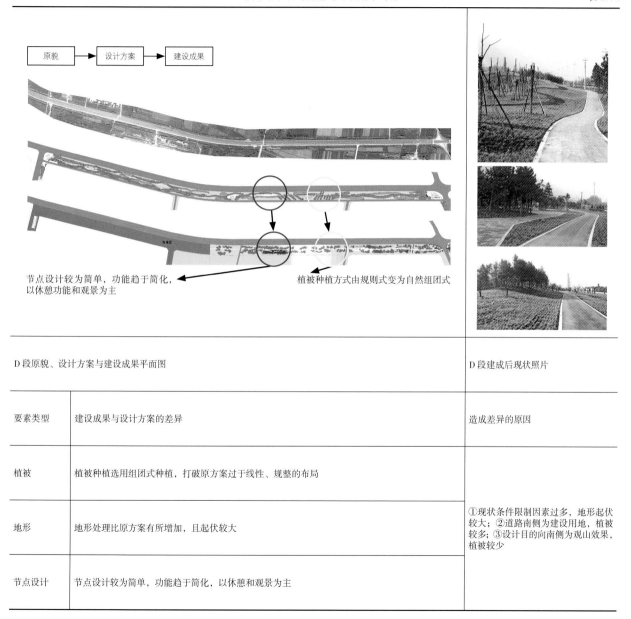

D 段原貌、设计方案与建设成果平面图		D 段建成后现状照片
要素类型	建设成果与设计方案的差异	造成差异的原因
植被	植被种植选用组团式种植，打破原方案过于线性、规整的布局	①现状条件限制因素过多，地形起伏较大；②道路南侧为建设用地，植被较多；③设计目的向南侧为观山效果，植被较少
地形	地形处理比原方案有所增加，且起伏较大	
节点设计	节点设计较为简单，功能趋于简化，以休憩和观景为主	

3.4.2 绿道建设横向对比（见表3.15～表3.16）

各段绿道建设整体横向对比分析 表 3.15

段落名称 \ 类别	A 段	B 段	C 段	D 段
风貌类型	丰富细致	简单自然	开敞大气	植被丰富、高差较大
功能类型	骑行体验	通行功能	骑行体验	骑行体验 + 旅游观光
设计手法	植被地形围合空间 + "兴奋点"	植被围合空间 + 连通性节点	植被、地形点缀空间	植被地形围合空间 + "兴奋点"
空间类型	半开敞空间	半开敞空间	开敞空间	半开敞空间

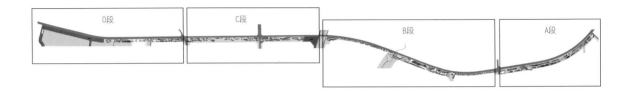

各段绿道建设成果要素对比 表 3.16

段落名称 \ 类别	建设成果平面图	设计手法	要素分析			建设主体单位	建设过程中影响因素
			植被	地形	节点		
A 段		空间类型以植被和地形围合而成半开敞空间为主；局部穿插"颠簸段"、"兴奋点"（植被地形围合半开敞空间 + "兴奋点"）	自然组团式种植为主；平均 25m 左右一个组团；节点处多以散植为主	绿道两侧地形基本成正弦曲线交错出现，连贯成线	位置多在道路交汇处；功能以休憩功能为主；局部穿插"颠簸段"、"兴奋点"	政府单位（秦岭办）	现状条件不同，限制性因素较强；周围用地性质不同，限制因素较多；建设主体（投资方）不同，针对方案的改动、可操作性过大

段落名称	建设成果平面图	设计手法	要素分析			建设主体单位	建设过程中影响因素
			植被	地形	节点		
B 段		空间类型选用植被线状排列围合而成半开敞空间为主；局部穿插连通性节点（植被围合半开敞空间+连通性节点）	整段植被以散植为主；沿绿道呈线状纵向排列	地形未作处理	以连通性节点为主	山水草堂地产商	
C 段		空间类型以植被和地形围合而成半开敞空间为主（植被、地形点缀开敞空间）	自然组团式种植为主植被组团	地形高差较大，局部点状出现点状地形	位置多在道路交汇处；功能以休憩性为主	地产商	

续表

段落名称 \ 类别	建设成果平面图	设计手法	要素分析			建设主体单位	建设过程中影响因素
			植被	地形	节点		
D 段		空间类型以植被和地形围合而成半开敞空间为主 局部穿插"颠簸段"、"兴奋点" （植被地形围合半开敞空间+"兴奋点"） 	自然组团式种植为主； 平均25m左右一个组团 	地形高差较大； 局部点状出现 	位置多在道路交汇处； 功能以休憩性为主； 局部穿插"颠簸段"、"兴奋点" 	地产商	

评价篇 >>>>>

——秦岭绿道（太平峪段）7公里示范段建设评价

4.1   POE研究背景

　　绿道在20世纪90年代传入国内，风景园林界的俞孔坚、刘滨谊、徐文辉等对其进行了研究。目前，国内的绿道研究还处于起步阶段，研究不够深入，尚未形成符合国情的理论体系。徐文辉在其2010年出版的《绿道规划设计理论与实践》中也提到：中国的绿道系统还不够完善，甚至完全照搬国外的理论体系等。为了更好地进行绿道建设，我们应该加紧步伐，找到适合我国绿道发展的指导性理论，来指导我国绿道的建设和发展。

　　秦岭绿道（太平峪段）7公里示范段工程于2012年12月份开始施工，截至目前，除D段外的其余各段已竣工并投入使用。为了解建成后的绿道产生的综合效应，现运用POE方法对示范段进行调研和信息反馈工作，通过现场观察、访谈、问卷调查等方法，研究绿道相关的使用方、管理方、设计方等五大主体对于绿道使用的行为特征与需求，归纳总结出示范段的使用情况评价，从而为后期绿道的设计及建设提供理论依据和经验参考，使绿道系统规划设计更具科学性。

4.2   使用后评价（POE）概念及调查方法、内容

4.2.1   POE概述

　　使用后评价（Post-Occupancy Evaluation，缩写为POE），产生于20世纪60年代的环境心理学研究领域，是"一种利用系统、严格的方法对建成并使用一段时间的设施进行评价的过程。POE的重点在于使用者及其需求，通过深入分析以往设计决策的影响及设施的运作情况来为将来的设计提供坚实的基础。"[1] POE方法在我国城市公共空间，包括大学校园、城市公园、居住小区公共空间的评价等领域已经取得一定的成果。[2] 但到目前为止，对线性绿色开敞空间——绿道的使用情况进行全面评价的研究还处于探索阶段。本篇中，以秦岭绿道（太平峪段）示范段为对象，通过现场观察、访谈、问卷调查等方法，针对绿道的综合服务设施系统、使用者的行为特征等方面对其进行使用情况评价（POE）分析，得出秦岭绿道示范段使用情况评价报告，并归纳出其不足之处，从而为提升绿道优化设计的质量和管理水平提供科学依据。

4.2.2   POE调查对象及范围

　　秦岭绿道（太平峪段）示范段位于秦岭户县段，从李家岩村至黄柏峪之间的沿山路，全长7km并分为四小段，其中A段1.3km，B段2km，C段1.5km，D地段2.2km（图4.1）。本次调研的POE的范围是已建成的A、B、C段，主要包括自行车慢行系统、植物景观、沿山路辅道及相应配套系统。

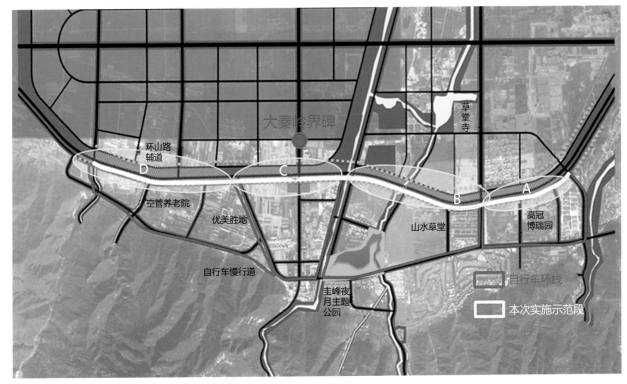

图4.1　绿道示范段分区图

4.2.3　POE调查程序、内容及方法

1．POE评价的程序

POE分析评价过程可以分为前期准备、过程实施、评价结论三个阶段：

（1）前期准备阶段

前期准备阶段需完成评价对象的背景调查和研究设计。确定评价的范围、内容，收集评价调研对象的相关资料，如评价对象的相关研究、概况以及相关设计平面图等，同时，需要对评价对象进行实地考察和预调研，了解评价调研对象的空间环境特点以及使用者的行为特征，作为设计和完善问卷调查的参考，从而使问卷更加具有客观性和合理性。评价的研究设计包括确定评价的层次及目标，设计 POE 评价方法模型，设计问卷及制定调研计划，确定数据处理方法。

（2）过程实施阶段

包括资料数据的收集和分析，通过问卷调查、SD 量表、观察、访谈等方法对研究对象进行调查，并对收集到的数据资料进行整理和分析。

（3）评价结论

依据资料数据分析结果，对研究对象进行评价总结，同时给出针对研究对象的优化建议，对评价结果进行应用和推广。

2. 调查内容

第一部分：绿道示范段综合设施现状调研。它主要包括对环境空间使用的方式的灵活性、方便性等功能方面的适用性能的评价，从这类评价研究中得出的行为模式或空间模式，可以为人性化空间设计提供客观基础。本次对于绿道示范段综合设施现状调研的评价主要采用行为地图法及观察法等，用以研究真实绿道环境中人对空间环境的使用方式。

第二部分：绿道示范段的相关五大主体调研。主要从五大主体的结构层次、到达方式、到访时段、主要活动、景观偏好等方面进行调查分析，即满意度评价。与满意度直接相关的是使用者的需求，包括物质需求和精神需求两个方面。它研究与空间环境使用者主观感受相关的各种要素，从更本质、更全面的视角来了解使用者的实质需求，为设计出更为人性化的生活空间提供依据。本次对于绿道示范段相关五大主体的满意度评价主要偏向环境心理学和社会心理学方面，采用问卷调查及访谈的方法搜集数据资料，以定量评价为主。

3. 调查方法

目前POE评价主要涉及的方法有：问卷调查法、访谈法、观察法、SD法、文档资料法、影响分析法、认知地图法。本次调查主要应用到了调查问卷法、访谈法及观察法，在问卷调查法中涉及了SD方法的融入。

2013年10月至11月，连续对绿道使用的五大主体进行调查。其中向骑行者发放问卷75份，有效问卷72份，有效率为96%；专家问卷14份，有效问卷14份，有效率100%；向秦岭办职员发放20份，有效问卷15份，有效率75%；向户县政府职员发放10份，有效问卷9份，有效率90%；向村民发放55份，有效问卷50份，有效率91%；同时，还对秦岭办相关领导作了访谈。问卷针对不同年龄、不同居住地、不同活动偏好的人群展开调查，从而使调查结果更为真实可靠，并且在调研的同时进行观察，记录绿道每个出入口的人流量等。户外调研结束后，整理调研文字及问卷数据，用Excel软件对调查数据进行统计处理

4.3 秦岭北麓西安段绿道示范段综合设施现状调研

综合设施现状调研主要采用行为地图法及观察法，调研结果如下。

4.3.1 慢行系统

现场调查显示，绿道示范段慢行系统建设初具规模。自行车休闲道的建设能够结合山体的走势，并在自然景观良好、视野开阔处设置小憩驿站供游人使用。该路段设计为山麓型综合慢行道，道宽1.5～3.5m，最多可容3辆自行车并排

通行。调研期间发现，慢行道上步行的人数较少，主要以骑自行车的人群为主，因此步行者和骑车者的安全性基本得到了保证。

慢行道路面采用沥青路面形式，色彩较为单一。建议在局部路段采用彩色沥青、透水沥青或保持地方土路、碎石路。

4.3.2 绿化系统

绿道示范段的绿化系统在保护好秦岭北麓原生态植被的基础上，采用当地树种和特色树种相结合的种植模式，形成良好的生态绿廊。绿道示范段绿化系统生态结构较稳定，植物群落具有良好的自我更新能力。但在个别路段，道路两侧没有栽植高大乔木，遮阳效果差，在炎热的夏天不能满足使用者休憩、停留的要求。局部路段的植被没有营造出多种类型的空间。

4.3.3 服务设施系统

绿道的服务设施系统包括管理中心、咨询点、自行车租赁点、公共厕所、垃圾箱、休憩点、电话亭等设施，以下为调研结果：

自行车租赁点：调研路段没有自行车租赁点，也没有相关的机动车停车场。

公共厕所：调研全路段没有公厕的设置。

垃圾箱：垃圾箱数量偏少，且没有垃圾分类指示标志。

休憩点：休憩设施数量足够，分布均衡。但休憩节点没有足够的遮阳设施，不能为游人提供良好的临时休憩场所，且设计简陋，缺乏特色。

由于绿道示范段属于初步建成阶段，因此许多服务设施仍有待完善：建议增加生态环保公厕；搭建凉亭、藤架等构筑物供使用者休憩；完善无障碍设计，加强对于不同类型使用者的需求方面的考虑。其他诸如自行车维修点、医疗急救点、消防点、治安点、通信及应急呼叫系统等设施，也应在后续建设中陆续增设。

4.3.4 交通换乘系统

目前，绿道示范段通过若干出入口与关中环线（S107）直接相连接，缺乏必要的警示标识、设施及足够的缓冲地带，出入口安全性难以得到保障。在关中环线上有若干公交站点，但公交线路少，而且站点并未结合绿道示范段出入口设置，出入口交通集散尚不完善。示范段沿线尚未设置公共停车场，自驾车停放不便。

总体而言，绿道示范段与市区联系不够，建议加强轨道交通联系，增设公交专线，开辟绿道旅游公交线路，满足市区使用者游憩的需求。

4.3.5　标识系统

绿道内的标识系统不够完善，没有按照要求设置信息、指路、规章、警示、安全和教育6类标志。现状标志牌一般设置在十字路口及景区的交界处等地，标示游人所处的位置，起到了明确的指示作用。大部分标志牌采用当地的材料制作、环保、实用，但制作设计形式比较传统，不够新颖。

4.3.6　照明系统

从现场观察来看，太平峪段绿道基本没有设置照明设施。

4.3.7　管理系统

目前，针对绿道示范段的管理体制尚不健全，无固定建设及管理主体：除A段由秦岭生态环保管委会办公室建设管理外，B、C及D段由绿道邻近的权属单位自建。从调研情况来看，绿道的植被、设施及卫生的维护等方面较为滞后。另外，骑行者和游人对绿道了解较少，反映出绿道的宣传不到位。

随着后续绿道建设范围的不断扩展，绿道管理应紧随建设的步伐，建立科学的绿道管理体系，促进绿道的健康与可持续发展，同时注意加大绿道的宣传。例如制定绿道使用指南，将绿道开放时间、允许或限制使用的区域、绿道使用注意事项等情况向社会公布，并标识在绿道内适当位置，指导使用者安全使用绿道，同时加强绿道各项设施的检查，制定定期检查和设备安全维护制度，对设施安全隐患、存在的潜在危险地段等进行定期记录，并采用有效的改进措施。

4.4　秦岭北麓西安段绿道示范段调研问卷分析

4.4.1　五大类使用主体总述

1. 五大类使用主体释义

五大类使用主体是指在绿道建设及使用活动中的相关权益方，根据绿道相关人群将其分为五大部分，即使用者、管理者、村民、权属单位、设计者（专家）五部分。

2. 五大类使用主体POE评价模式

以绿道建设的三大作用（致富路、游憩带及生态廊）为标尺，对五类使用主体进行分项调查，检测不同使用主体对绿道的需求是否达到预期目标，发现存在的问题，提出综合改进意见（图4.2）。

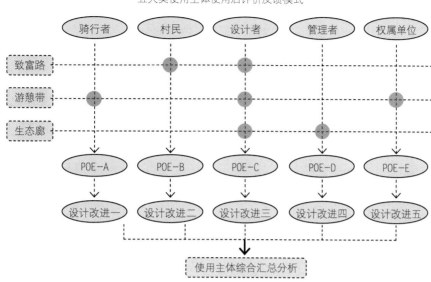

图4.2　五大类使用主体评价设计体系模式图

4.4.2　骑行者调查（POE-A）

1. 概况

骑行者问卷，共发放75份问卷，其中有效问卷为72份。问卷问题包含骑行者的基本信息，骑行者对绿道总体环境的满意度以及其对绿道改进方面的建议。主要目的是通过问卷调查来发掘绿道最普遍的使用者对绿道的需求。

2. 骑行者原始问卷设计（75份）（图4.3）

3. 分项分析

针对骑行者问卷的每一单项问题的具体结果及分析，详见附录一，概述如下：

（1）分项一：骑行者基本概况

骑行者基本情况问卷设计的目的是充分了解骑行者的年龄层次、身份以及使用基本情况。

骑行者年龄分布有两个波峰，第一个集中在10～24岁，以学生为主，来自西安市、大学城以及周边县市，另外一个波峰集中在40～60岁，多以专业骑行者为主。到达绿道的形式以骑车为主，多数骑行者事先并不了解绿道。

（2）分项二：活动量

活动量问卷的设计目的是挖掘骑行者对道路参数设计的反馈及其骑行感受需求是否满足。

本次采访对象有专业骑行者和非专业骑行者，多数人认为骑行的活动量适合。综合所有的关于活动量的数据，包括

秦岭绿道示范段使用后问卷调查

尊敬的朋友：

您好！非常感谢您在百忙之中接受此次问卷调查，本次调查仅用于学术研究，您的意见和建议将有助于秦岭北麓绿道网络系统进一步的优化完善。

1 个人情况　　　　哪类绿道使用者：□自行车　　□电动车　　☑步行　　□摩托

1.1 你的年龄 **18** 性别 **男** 如何到达：☑骑车 □驾车 □公交 □其他：

1.2 职业：☑学生 □教师类 □工人 □农民 □商人 □服务人员 □退休人员 □公务员 □白领

1.3 来自于：□西安市　☑西安郊县、大学城　　□周边村庄　　□外地

2 活动期望

2.1 你来绿道的目的（可多选）：□骑游 ☑观赏 □散步 □锻炼身体 □路过

2.2 事先是否了解绿道（何种渠道）？ □知道（ □网络报纸电视 □听别人说 □路牌 □其他）
　　　　　　　　　　　☑不知道

2.3 来过几次？☑第一次　□少于5次　□5次～10次　□10次以上　□或固定频率_____

3 活动量

3.1 骑行的长度？ □非常长 □较长 ☑正好 □较短 □非常短 （建议长度：　　　　）

3.2 弯曲度和坡度？ 很差□ 1 □ 2 ☑ 3 □ 4 □ 5 很好

3.3 宽度？ 很差□ 1 □ 2 □ 3 □ 4 ☑ 5 很好

3.4 骑行的路面感受？ 很差□ 1 □ 2 □ 3 □ 4 ☑ 5 很好

4 环境及环境气氛

4.1 气候舒适度（小气候环境）？ 很差□ 1 □ 2 □ 3 □ 4 ☑ 5 很好

4.2 环境噪声容忍度？ 很差□ 1 □ 2 □ 3 □ 4 ☑ 5 很好

4.3 空气质量？ 很差□ 1 □ 2 □ 3 □ 4 ☑ 5 很好

4.4 景观整体形象？ 很差□ 1 □ 2 □ 3 □ 4 ☑ 5 很好

4.5 植物景观（季相、多样性、疏密、遮荫）？ 很差□ 1 □ 2 □ 3 □ 4 ☑ 5 很好

4.6 地形处理（地面高低起伏）？ 很差□ 1 □ 2 □ 3 □ 4 ☑ 5 很好

4.7 铺装？ 很差□ 1 □ 2 □ 3 □ 4 ☑ 5 很好

4.8 绿道景观与山体、峪口等地域结合程度？ 很差□ 1 □ 2 □ 3 □ 4 ☑ 5 很好

5 环境设施和小品设施

5.1 卫生环境怎么样？ 很差□ 1 □ 2 □ 3 □ 4 ☑ 5 很好

5.2 植物养护程度？ 很差□ 1 □ 2 □ 3 □ 4 ☑ 5 很好

5.3 休闲平台数量是否合适？ 很差□ 1 □ 2 □ 3 □ 4 ☑ 5 很好

5.4 最急需的设施是什么？ （可多选）☑ 厕所 ☑ 座椅 ☑ 垃圾桶 ☑ 护栏 ☑ 标识牌 □其他

7 整体

7.1 对绿道的整体评价？ 很差□ 1 □ 2 □ 3 ☑ 4 □ 5 很好

7.2 你对这里印象最深感受或地点是：__空气 舒适__

7.3 觉得绿道有哪些好处？（可多选）□休闲 □娱乐 □骑游 ☑低碳环保 □社交活动 □生态保护

8 其他意见： __无__

图4.3　骑行者原始问卷

道路长度、弯曲度、坡度、宽度以及所带来的路面感受。对于大多数的常规骑行者来说，绿道示范段的骑行参数已能够满足其使用需求，并没有突出的活动量问题；而对于对绿道有特殊需求的骑行者，过于平淡的道路参数难以满足其寻求刺激的骑行需求和对秦岭山麓野趣的追寻。

（3）分项三：环境和环境气氛

环境与环境气氛问卷的主要目的是了解绿道所处位置的环境舒适程度以及绿道设计各类要素的完善度。

对舒适度、噪声、空气质量的调查问卷中，70%的被调查者认为绿道所处的秦岭北麓环境气氛良好，适合骑游等休闲活动的展开，而这也契合了绿道总体规划选线策略。

对景观整体形象所营造的环境气氛的调查则是对各类要素设计成果的检验；既检验了各类要素是否满足使用者对绿道环境气氛的需求，同时也检验了各类要素的设计手段是否合适。景观整体形象的调查中，83%的骑行者认为景观整体形象很好，2%的骑行者认为较差，主要原因在于绿道建设之初，植被景观未达到设计预期效果，植被形态与季相变化受初栽和季节影响，建议采用乡土树种。小品景观缺乏，铺装单一，没有情趣，建议采用乡土材料铺设，丰富铺装类型，增加铺装的节奏感。11%受访者认为绿道与山体峪口结合较差，没有与进入峪口的道路衔接，本次建设为绿道示范段，修建距离较短，还未建设深入峪口、连接山体的绿道。

（4）分项四：环境设施和小品设施

环境设施与小品设施问卷设计的目的是调查使用者对配套设施以及节点小品的需求分析。

80%的骑行者认为绿道的卫生环境良好，13%的骑行者认为一般；7%认为较差，因绿道环卫设施配套不足，影响卫生环境。休息平台的设计直接关系到使用舒适度，55%的骑行者认为绿道的休闲平台数量较合理；27%的骑行者认为休闲平台数量设置一般，基本满足需求；18%的骑行者认为数量较少，不能满足使用，而且有些休息平台自行车不可达。骑行者最需要的设施为厕所、垃圾桶、标识牌等。基本配套设施的缺乏，对绿道游憩产生较大影响，直接关系到游憩的满意度。因此，应该加快配套设施的建设。

（5）分项五：整体

整体问卷设计的目的是调查使用者对于绿道最直观的感受，并给出前述未涉及的意见和建议。

88%的骑行者认为绿道整体建设很好，整体效果较为满意；12%认为一般；没有不满意的骑行者。骑行者印象最深的是绿道优美舒适的环境基底，其次是骑行休闲的乐趣，另外，配套设施缺乏给骑行者留下了不好的印象。大部分骑行者认为绿道建设的最大好处在于骑游及休闲娱乐，说明绿道建设基本达到了"游憩带"的作用。

4. 骑游者的使用人群分析

在调研过程中，通过对调查对象需求层次的分析，可以把使用人群分为两类，即一般骑行者（普通人群）和骑行爱好者（专业人群）。

（1）一般骑行者

一般骑行者，他们往往是和朋友来游玩或者是路过此地，将绿道作为散步、休闲娱乐、锻炼身体等的场所，其游憩目的是为了感受周围的优美环境、呼吸新鲜空气、放松心情、增进感情等。相校于专业骑行者的需求，此类人群的需求更多地体现在视觉感受和小尺度的静态景观。

（2）骑行爱好者

骑行爱好者，即长时间从事骑行活动的骑行者，他们的目的是一种健康自然的运动旅游方式，一般以组团的方式骑游。充分享受旅行过程之美的运动，其需求更多的是对自然的感受和旅行的乐趣。这部分人对绿道的要求体现在道路设计和动态景观感受上，对小尺度景观和细节设计不是很注重。所以，考虑到该类使用人群时，应更加注意道路宽度、坡度、弯曲度、材质变换等方面的设计。

5. 骑游者的绿道需求分析

（1）需求分析

使用人群的不同使得需求层次也不同，普通人群的需求视为基本需求，而专业人群的需求视为潜在需求或特殊需求。

基本需求：调查问卷显示，安全的休闲空间、优美的环境、干净舒适的骑行通道、新鲜的空气、方便的交通、完善的服务设施、良好的景观感受、小景观设计以及与其他景观资源的连接程度是普通人群的基本需求。

较高需求：驴友和专业骑行者希望绿道提供骑游的乐趣和强度，特别是对于道路功能的要求，如道路的坡度、宽度、长度、铺装材质等。另外，考虑到骑行旅程的长短和丰富程度，专业骑行者更希望绿道与其他各类资源有良好的连接。

（2）满意度分析

1）基本需求满意度分析

普通人群注重游憩空间的舒适性、景观感受和配套设施。其一，问卷显示，使用者对于绿道的景观感受较好，包括对于气候舒适度、空气质量、植物、地形、铺装等方面的满意度较高；其二，配套设施并没有达到使用要求，使用者对此并不满意，希望绿道增加基础设施的建设；其三，绿道尚未与峪口、山体等资源有效结合，使用者满意度较低。

2）特殊需求满意度分析

问卷显示，对于专业骑行者来说，绿道尚未满足其需求：道路的宽度、长度及坡度等能够影响其骑行乐趣的道路参数仍需加强，专业骑行者希望绿道的骑行感受能够更加强烈和刺激。

6. 改进建议

（1）选线（廊道宽度）

本次问卷中关于选线的设计题目为3.1、3.2、3.3、4.8。主要存在问题有：选线连接度不够，选线没有考虑生态性因素，横向可进入性不强。

绿道选线是总体规划中最为重要的部分，路线选择是否合适，直接关系到使用者的游憩感受和体验乐趣。通过问卷设计，着重挖掘使用者对区域内环境、气候舒适度、资源连接度等参数的满意程度，可以直接反馈总体规划选线是否合适。

设计指导一：选线应注重景观资源的丰富程度，即选线要串联尽可能多的资源点，即临景原则。

设计指导二：选线应注重区域内气候质量，即选线要注重所经之处具有良好的环境和舒适的空间感受，使使用者达到游憩的目的。

设计指导三：选线应注重景观资源连接度，即方便使用者进入绿道，也提供了骑行路线的多样选择，即临径原则。

（2）慢行道

本次问卷中关于慢行道设计的题目为2.1、2.2、2.3、3.4、4.7。主要存在问题有：道路参数没有根据不同人群分类设计，道路材质单一、无变化，地形、植被没有营造出多类型空间（封闭、半封闭、开敞空间）。

慢行道设计直接关系到使用者的骑行感受和舒适度，通过问卷调查及分析使用者对道路参数是否满意，为后续设计提供参考。

慢行道设计需要考虑不同使用人群的不同需求，在前面的使用人群分析中，将使用者分为普通人群和特殊人群，普通人群对慢行道设计的满意度较高，特殊人群对慢行道的需求仍然存在一定的设计空间。

设计指导一：道路长度需要加长，可按照骑行舒适度设计出入口，有不同长度需求的人可以自由选择骑行长度。

按照绿道游径设计标准，骑行速度一般为5～20英里/小时（1mile约为1.6km），该绿道长度为5mile（7km），正常骑行时间为一小时左右，在骑行者的生理承受范围内，因此，60%的被调查者认为骑行长度正好。在调研中，5%的骑行者为专业骑行者，认为7km绿道较短，还有8%的人群认为非常短，2%的人群认为非常长。由此可以看出，本段绿道设计的长度符合大多数人的需求。

设计指导二：道路宽度可以适当加宽，并可以进行宽窄变化设计。

按照AASTHO对骑行宽度的要求，单向自行车道宽度为5ft（1.5m）、双向自行车道宽度为10ft（3m）、三向自行车道宽度为12.5ft（3.75m）。

设计指导三：为专业人群增加骑行难度，保持普通人群骑行感受，即双路设计。

问卷统计显示：48%的人认为自行车道的弯曲度和坡度很好，符合他们的需求；还有4%左右的人认为比较差，没有达到预期的效果。绿道的纵向坡度为3%～8%，以3%为宜，横向坡度为2%～4%，设计坡度在游径可达性开发导则规范内，部分弯度设计存在问题，如颠簸段转弯半径过小，不太适宜骑行。

设计指导四：需要增加路面变化，增加铺装节奏感。问卷统计显示：83%的骑行者认为路面感受良好，3%左右的人认为比较差，认为应该改变铺装类型，丰富骑行感受。

（3）交通衔接

交通衔接调查的问卷设计题目为1、1.1。主要存在问题有：与城市连接度不够，与景观资源连接度不够，与环山路衔接不完善，出入口不安全，交通集散不完善，无停车区域。

通过问卷调查，使用者较为关心绿道与西安市的衔接程度，道路衔接程度直接关系到绿道的可达性和便利程度。目前，进入绿道示范段的方式有自驾车、公交车、自行车、电动车等，交通衔接不甚完善，而且绿道的出入口与公交站点结合不够。

设计指导一：建立使城市与绿道相连接的休闲廊道。

设计指导二：建立与环山路的衔接口。

设计指导三：完善与其他景观要素衔接的绿色通道。

（4）服务设施

服务设施问卷设计题目为4.1、4.4、5.4。主要存在问题有：配套设施不完善，指标不足。

对服务设施进行问卷调查的目的是为了完善区域内配套服务体系，同时也可以为山麓型绿道服务设施指标体系的建立提供研究基础。

设计指导一：服务设施与其他设施（标识、照明、卫生等）配套设计，方便使用。

设计指导二：配套设施指标需要按照普通人群的需求设计。

设计指导三：增设停车场，按照调查问卷中驾车进入绿道的车流量设置生态停车场。

（5）标识

标识设施问卷设计题目为5.4、8。主要存在问题有：标识配套不完善，指标不足，现有标识内容不清晰及引导性不够。

标识是使用者了解绿道、进入绿道的最直观的视觉吸引系统，也是绿道提供美育功能的展现方式。通过调查显示，目前绿道标识系统缺乏，人们还不了解绿道的功能。根据调查结果的统计分析，标识设施建设不完善，并没有发挥出标识系统应有的功能。另外，绿道的美育功能也没有达到。

设计指导一：需要增加标识设计，标识设计应与绿道所处的环境氛围保持一致，如开阔大气的场所需要粗犷的标识风格，而封闭消极的空间则需要细腻的标识风格。

设计指导二：需要与其他配套服务设施同步设计建设，因为服务设施人流集中，配套设计的标识系统方便人们快速决策。

4.4.3 村民调查（POE-B）

1. 问卷设计概况

在村民问卷调查中，共发放55份问卷，其中有效问卷为50份。问卷问题包含村民就业基本信息、绿道建设对其的影响、村民在绿道建设中的心理预期、绿道建成后效果满意程度等。问卷调查的主要目的是发掘绿道最普遍的使用者和土地的利益主体对于绿道的需求以及村民对目前建成绿道的满意程度。

2. 村民原始问卷（50份）（图4.4）

村民填写：

2.1 您从事的产业？
　　☑一般农业 □农产销售 □餐饮 □苗圃种植 □交通营运 □环卫工作 □绿道维护 □其他 _____

2.2 您从事的工作与户县绿道是否有关系吗？　　□有关系 ☑没关系

2.3 你认为户县绿道有哪些好处？（可多选）
　　☑休闲娱乐 □骑游 □低碳环保 ☑社交活动 □生态保护 □交通功能 □农产品收入

2.4 您希望户县绿道能够给您带来什么？（可多选）
　　□就业机会 ☑优美的环境 ☑休闲运动 □经济价值（游客资源）　　□其他 _____

2.5 您对户县绿道的建成成果是否满意？
　　□满意，在哪些方面比较满意？ _____
　　☑不满意，在哪些地方不满意？ 征地，收入减少 老年人，没有活干了，只能外出找活。

2.6 户县绿道建成之后，环境是否改变？　　☑变好　　□变坏

2.7 户县绿道建成之后，农产收入是否增加？　　□增加　☑减少

2.8 户县绿道建成之后，出行是否方便？　　☑方便　　□不方便

图4.4　村民原始问卷

3. 分项分析

针对村民问卷的每一单项问题的具体结果及分析，详见附录一，概述如下：

（1）分项一：村民基本概况

村民基本情况问卷设计的目的是充分了解村民从事的行业以及其与绿道的关系。问卷显示，村民所从事的工作一般农业比重最大，兼有农产品销售及绿道环卫工作等。

（2）分项二：村民与绿道的关系

村民与绿道的关系问卷设计的目的是调查绿道"致富路"所产生的效应。问卷显示，村民认为绿道的修建给他们带来了休闲娱乐的环境，相对环山路来说，提供了一个安全且环境优美的通道，而且绿道的修建吸引了游人，从而增加了农产品的销售收入。同时，绿道的环卫工作也为他们带来了就业机会。因此，大多数村民对绿道的建设是比较满意的。另一方面，征地赔偿问题及绿道摆摊销售服务设施较少等问题是村民不满意的地方。

4. 村民的使用人群分析

在调研过程中，通过对调查对象需求层次的分析，可以把使用人群分为三类，即第一、第二及第三产业从业者。

（1）第一产业从业者

第一产业从事者是指从事一般农业的村民，收入来源主要为农业种植、苗圃等。此类人群依靠土地为生，土地的多少决定他们的收入的多寡，在修建绿道时征收了他们的部分土地，所以绿道应该给村民提供相应的就业机会。

（2）第二产业从业者

第二产业从业者是指从事绿道维护管理、环卫工作的村民，他们的工作是与绿道建设及维护息息相关的，在很大程度上，他们工作的好坏决定了绿道的后期维护效果。

（3）第三产业从业者

第三产业从业者是指从事餐饮业、农产品销售及交通营运等工作的村民。绿道的建设吸引骑行者和游客的到来，一定程度上增加了他们的收入。

5. 村民对绿道的需求和满意度分析

根据村民从事产业的不同，他们的需求也分为三大类。

第一产业从业者：他们希望增加农产品的收入。谈话和问卷结果显示，绿道的建设并没有给第一产业的从业者增加收入，原因是绿道建设征收了他们的部分土地。

第二产业从业者：问卷显示，绿道的建设有助于他们增加就业机会，需求得到了满足，满意度较高。

第三产业从业者：他们需要借助绿道建设这个平台来吸引更多的骑行者和游客的到来，从而增加收入。问卷显示：部分第三产业从业者的需求得到了满足，因为随着绿道的逐步完善，越来越多的游客来绿道骑行游览，对于当地农产品的消费增大，使第三产业从业者收入增加，但还有一部分第三产业从业者因自身的区位限制致使收入增加不明显。

6. 改进意见

（1）交通衔接

交通衔接调查的问卷设计题目为2.5、2.8。

问卷调查显示，部分村民认为绿道阻绝了村道与环山路南北纵向的衔接，造成了村民出行的不便；另有村民认为，绿道建设带来了东西横向交通出行的便利，原因是绿道沿环山路东西向修建，给附近村民提供了一条"非机动车道"，东西横向出行的安全性得到了保障。

设计指导一：在绿道建设中，建全村道与环山路南北纵向的衔接道路。

设计指导二：完善绿道安全体系，杜绝机动车辆进入。

（2）服务设施与表示系统

服务设施问卷设计题目为2.3、2.4、2.5。

问卷显示，村民普遍认为绿道带来了优美的环境，吸引游客的同时增加了他们的收入，但基础服务设施缺乏，所以完善绿道内基础服务设施体系迫在眉睫。

设计指导一：完善服务设施与其他设施（标识、照明、卫生等）配套设计，方便使用。

设计指导二：完善指示服务设施，标识系统。

（3）节点

节点问卷设计题目为2.3、2.4。

村民问卷显示，村民需要良好的环境效果，绿道的修建给村民提供了带状游憩休闲空间，节点的设计是一个停留休憩、观赏的空间，因此在设计的时候要注意以下设计指导：

设计指导一：景观设计节点设置应结合人流集散地。

设计指导二：节点设计应符合环境心理学以及人的行为习惯。

4.4.4 风景园林专家调查（POE-C）

1. 问卷设计概况

在专家问卷调查过程中，我们邀请了西安建筑科技大学建筑学院风景园林专业的教师进行骑游体验，并发放了14份问卷，主要从设计者的角度对绿道设计、建设施工以及建成后综合现状进行评价。主要目的是通过调查问卷来发掘绿道满意程度和存在的问题，为后续的设计提供专业的指导。

2. 风景园林专家原始问卷（图4.5）

3. 问卷分项分析

针对专家问卷的每一单项问题的具体结果及分析，详见附录一，概述如下：

（1）分项一：道路

道路评价体系在三个方面建立，其一是道路参数，如路面材质、骑行长度、弯曲度、坡度、道路宽度；其二是骑行时的路面感受；其三是与环山路的衔接状况。目的是从专家设计者的角度挖掘骑行者对道路参数设计的反馈以及骑行感受需求是否得到满足。

关于路面材质，专家普遍认为路面铺装较为单一，可以在设计阶段增加铺装类型与节奏变化，增加透水铺装、沥青铺装、生态材质、塑胶材质，尽量不使用光面材质；关于骑行长度、宽度、弯曲度和坡度，就目前建设的绿道参数来看，骑行时间为30分钟至1个小时，部分最大纵坡为7%，在体力和精力方面都符合人体生理标准，在后续建设中可以以7~10km为标准段设置出入口和驿站。

关于骑行感受，14名专家打分较高，骑行感受是由骑行过程中的视觉、听觉、嗅觉、感觉决定的，就目前骑行环境来说，道路参数满足骑行体验所需要的感受。

关于与环山路的衔接，专家普遍打分较低，体现出绿道与环山路的衔接情况不尽如人意，其中原因之一是开口位置选取不是很恰当，其二是无出入口标识，其三是环山路的安全措施不到位。

（2）分项二：设施

设施评价体系的建立主要考虑四个方面，其一是座椅设置；其二是休闲节点的数量和位置；其三是节点铺装和构建

绿道使用后问卷调查（专家） 2013.10.26 时间 10:00 天气 阴

1 道路

1.1 路面材质？很差 □1 □2 ☑3 □4 □5很好（建议材质：彩色柏油 ）

1.2 骑行的长度？□非常长 □较长 ☑正好 □较短 □非常短（建议长度：_____ ）

1.3 弯曲度和坡度？很差 □1 □2 □3 ☑4 □5很好

1.4 道路的宽度？很差 □1 □2 □3 ☑4 □5很好

1.5 骑行的路面感受？很差 □1 □2 ☑3 □4 □5很好

1.6 绿道与环山路的衔接是否合适？（出入口设置等）很差 □1 ☑2 □3 □4 □5很好

2 设施

2.1 座椅设置合理性？很差 □1 □2 ☑3 □4 □5很好（建议：_____ ）

2.2 座椅材质合理性？很差 □1 □2 □3 ☑4 □5很好（建议：_____ ）

2.3 休闲区域位置合理性？很差 □1 □2 □3 ☑4 □5很好（建议：每段走设置 休闲区 ）

2.4 休闲区域铺装及构筑材质合理性？很差 □1 □2 ☑3 □4 □5很好

（建议：_____ ）

2.5 景观构筑物是否符合周边场地气质？很差 □1 ☑2 □3 □4 □5很好

（建议：_____ ）

2.6 休闲平台数量是否合适？很差 □1 ☑2 □3 □4 □5很好

2.7 最急需的设施是什么？（可多选）□厕所 □座椅 ☑垃圾桶 □护栏 □标识牌 □其他

3 环境

3.1 绿道内气候舒适度（小气候环境）？很差 □1 □2 ☑3 □4 □5很好

3.2 环境噪音容忍度？很差 □1 □2 □3 □4 ☑5很好

3.3 地形处理（地面高差起伏）？很差 □1 □2 □3 □4 ☑5很好

4 植物

4.1 植物种类选择？很差 □1 □2 ☑3 □4 □5很好（建议：_____ ）

4.2 植物栽植配置方式？很差 □1 □2 ☑3 □4 □5很好（建议：乔木等路边 ）

4.3 植物空间营造？很差 □1 □2 ☑3 □4 □5很好（建议：_____ ）

4.4 植物景观整体形象？很差 □1 □2 ☑3 □4 □5很好

4.5 植物后期养护？很差 □1 □2 □3 ☑4 □5很好

5 整体

5.1 对绿道的整体评价？很差 □1 □2 □3 ☑4 □5很好

5.2 绿道的空间尺度是否宜人：很差 □1 □2 ☑3 □4 □5很好

5.3 骑游绿道是否令你完全放松：很差 □1 □2 ☑3 □4 □5很好

5.4 绿道景观与山体、峪口等地域结合程度？很差 □1 ☑2 □3 □4 □5很好

（建议：绿道自然，无法直对山体景观 ）

5.5 绿道的哪一地点给你留下印象最深：趣味与挑战感低 现代化垫块

5.6 你觉得骑行绿道过程中什么是你最需要的：水时间

5.7 骑游时是否看到有绿道以外的景点吸引你：不多

5.8 在绿进骑行中是否有特别的体验：趣味性骑行

5.9 三段分别打分（5分为满分）：

A段（4）分 B段（3）分 C段（2）分 D段（ ）分

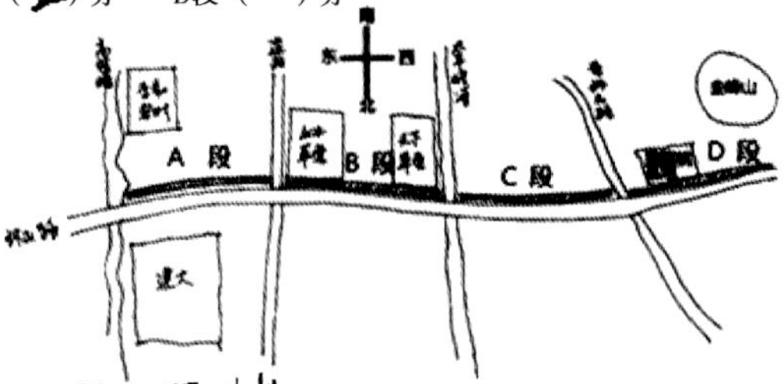

5.10 上述三段你认为分值高低的区别在于：坡度 趣味性

5.11 关于绿道的其他意见：(1)增加 骑游路段 的宣传 栽植地 (2)系统规划 游憩节奏

图4.5 专家原始问卷设计

材质；其四是对最需求的设施调查。目的是评价骑行者对设施设计的内容和参数是否满意，对调查的反馈可以直接用于绿道详细设计。

关于座椅设置的合理性，专家意见认为不太合理，原因之一是座椅数量不够，其二是座椅休息区距离骑行道稍远，其三是座椅材质较为单一，目前是大理石材质，可适当增加生态材质，如木质、原生石等。

关于休闲节点设置的数量和位置，专家认为数量适中、位置恰当。设计时需要增加趣味性，容量应适当变化，避免骑行感受单一、乏味。

关于节点铺装、构建材质方面，绿道建设属于初期阶段，节点铺装较为单一，构筑建设类型没有考虑山麓区的特质和秦岭的气质。

关于设施需求的调查，研究范围内最需要的设施是卫生间、垃圾桶及标识牌。

（3）分项三：环境

环境评价体系的建立在三个方面进行：气候、噪声及地形。

关于绿道内小气候的调查，因地处秦岭边缘，气候舒适，专家对此较为满意。

关于噪声的容忍度，通过植被绿化空间的营造，形成了对噪声源的封闭阻隔。同时，专家认为，由于骑行速度对声音的控制和骑行时所接触景象的吸引，环山路噪声完全可以忽略。

关于地形难度，专家普遍认为较为合理，符合骑行体验。

（4）分项四：植物

植被评价体系的建立考虑植被种植类型、配置方式、空间营造、植物景观整体形象以及后期养护几个方面。

关于植被种类，专家认为种类适中，满足基本的视觉体验和整体的季相变化。可以增加乡土植被，石榴、柿树等果树以及农作物，丰富植被种类，使其不局限于观赏植被，可增加农作物种植类型，营造农耕景象。

关于植被种植方式和空间营造，专家认为种植方式较为丰富，建议使用团块式、群落式。空间营造上，以植被点状空间为主，建议结合休闲节点增加封闭空间。

关于植物景观整体形象，目前植被景观的营造基本满足适宜的山林关系，基本满足视觉需求。

关于植物后期养护，绿道处于初建时期，部分路段目前正处于施工阶段或施工后管理阶段，后期养护跟进情况良好。

（5）分项五：整体

整体评价是对前项的总结，包括植物、地形、设施齐全与否、趣味性与安全性、舒适度、休息点、坡度的变化，也是在整体形象和感知上对绿道的综合评价。主要目的是调查骑行的整体印象和感觉是否满足骑行要求，检验设计与建设是否达到预期目标，发掘存在的问题并提出改进建议。

关于整体评价，专家意见较为统一，整体评价中等偏上，满足基本的骑行体验和感受。空间较为宜人，各类景观要素能够达到令人放松的目的。

关于与其他景观资源的衔接，就目前绿道建设的阶段来说，绿道与峪口、山体、水体的连接度不够，进入其他景观资源不够便捷，建议部分地段以次级绿道连接各类景观资源。

关于骑行体验的印象调查和需求，人车分行、颠簸段的设计、观山视点、野趣等是骑行体验中印象最为深刻的方面，同时，专家希望在趣味性、安全措施、设施配置方面增加建设投入量。

专家对绿道的综合建议：材料选用应适当；注重绿道与公路、村庄的结合；道牙的处理、植物的种植及设施的配置应完善；应阻止外部车辆进入车道；保证绿道的连通性；绿道应向城市方向延伸，增加骑行的趣味性。

4. 改进建议

（1）选线（廊道宽度）

本次问卷中关于选线的设计题目为1.4、5.4、5.5、5.6。

专家认为关于选线的问题可以总结为选线连接度不够、与环山路的连接处理不到位、未考虑生态因素及选线安全问题等几个方面。

针对以上问题提出如下设计指导意见：

设计指导一：完善结构，延伸线路，连接资源，形成网络。

设计指导二：从生态角度进行考量，提出临景原则、临径原则、临界原则、临下原则。

设计指导三：在环山路侧建立植物、地形屏障，阻挡过大噪声的干扰。

设计指导四：打通城市与郊区的连通性，注重景观资源的丰富程度，即选线要串联尽可能多的资源点。

设计指导五：与峪口结合处应采用架桥等方式通过，避免绕入环山路逆行。

（2）慢行道建设

本次问卷中关于慢行道设计的题目为1.1、1.2、1.3、1.4、1.5。

专家对慢行道建设提出了以下问题：铺装材质单一，无变化；部分材料材质过于光滑，没有秦岭气质；地形、植被没有营造出多类型空间（封闭、半封闭、开敞空间）；植物遮荫不足等。

针对以上问题提出如下设计指导意见：

设计指导一：增加材质类型、路面变化、铺装节奏感、乡土材料铺装；材质上最好使用渗水材质，例如透水沥青；增加一些体验性材质，如磨盘，材料应该粗糙化，显示秦岭气质。

设计指导二：道路长度适宜在6～10km之间；宽度适当加宽，可以进行宽窄变化设计；廊道宽度按照生态因素考虑；增加林荫树，增加乡土树种使用率。

设计指导三：可适当增加诸如颠簸段、环形路等设计，增加骑行乐趣。

设计指导四：遮挡消极景观，局部种植高大乔木；增加公路一侧种植密度和高度以屏蔽机动车道带来的影响；在交叉口处的植物配置应避免视线的盲点；望山一侧，部分地段减少高大乔木的种植，以便打开视线；增加抗污树种和香花树种。

（3）交通衔接

交通衔接调查的问卷设计题目为1.6、5.5、5.6。

该部分问卷调查的目的是为了明晰绿道与环山路及交叉公路的衔接状况，主要体现在骑行安全和交通便捷性（与各大交通集散路口的关系）两个方面。

专家就骑行过程中的问题进行了总结，包括以下两个方面：与城市连接度不够，与景观资源连接度不够；与环山路衔接不完善，出入口不安全。

针对以上两方面的问题，具体的改进意见包括两个方面：

设计指导一：建立便捷的交通转换点。建议每10km设置一个与机动车道的连接点及停车场，便于交通转换；建立与城市相连的休闲廊道或安全的交通系统；完善与其他景观要素衔接的绿色通道。

设计指导二：强化入口标识，增设路障或减速区。衔接处喷涂特殊颜色便于机动车察觉。

（4）服务设施

服务设施问卷设计题目为2.1、2.2、2.3、2.4、2.5、2.6、2.7、5.6。

专家问卷显示，服务设施不完善，不满足配套指标。

设计指导一：指标配比需符合山麓区特质。

设计指导二：集中设置，与其他设施同步设计。

设计指导三：风格需要考虑地域性。

（5）标识

标识设施问卷设计题目为2.7、5.6。

专家问卷显示：标识配套不完善，指标不足；现有标识内容不清晰，引导性不足。

设计指导一：增设广域引导。建议每500m设一个引导标识，增设禁止警示类标识。

设计指导二：标识设计结合地域特征。加强人文标识所占标识的比例，突出人文特性；标识内容清晰，表达完善；色彩选用应提高亮度和辨识度；形式及材质应与秦岭气质相符。

设计指导三：标示设置应与交叉口结合。

4.4.5 管理者调查（POE–D）

1. 问卷设计概况

在管理者问卷调查中，主要涉及户县政府、秦岭办职员、绿岭公司相关领导和职员，以问卷和访谈两种形式进行。问卷内容主要涉及对绿道的管理、维护以及规划设计选址方面的问题。

2. 户县政府、秦岭办职员、绿岭公司问卷（图4.6）、采访记录（附录二）

亲爱的朋友：

您好，我们是户县太平峪7km绿道（以下简称户县绿道）使用后评价调查员，本次调查仅用于学术研究，我们将进行无记名问卷调查。您的意见将会对我们的研究有莫大的帮助，非常感谢您的帮助。

注：清的认为符合您情况的选项处打"√"。

管理者填写：

1.1 通过调查，我们均认为户县绿道有以下目的，您认为呢？

☑骑游 ☑观赏 ☑散步 □旅游 ☑休闲娱乐 ☑锻炼身体 □其他_____

1.2 您希望户县绿道给您带来哪些好处？（可多选）

□福利行为 ☑形象行为 ☑生态保护 □建设抓手 □其他_____

1.3 户县绿道建设存在哪些难度？

☑用地难以解决 □设计不成熟 ☑施工难度大 ☑维护困难 ☑财政紧缺 □其他_____

1.4 通过我们调查，户县绿道反响不错，您认为户县是否达到预期目标？

☑达到，有哪些？ 改善了环山路绿化形象、提升秦岭旅游档次、优化资源

□没有达到，有哪些？

1.5 如果需要提升户县绿道，您希望在哪些方面进行提升？ 两侧拓力、附属设施增多

1.6 户县绿道仍存在哪些问题？ 停车位太难

1.7 绿道建设之初为什么选择户县太平峪段？ 环境优美、政府支持

图4.6　户县政府原始问卷

3. 管理者基本概况

绿道的建设离不开政府的支持、建设单位的实施和相关工作人员的指导，这类人群是绿道建设的管理主体。绿道的修建给普通使用者提供了良好的线性开敞空间，但同时也带来了一系列管理问题，绿道的建设及后期管理需要建立秩序化、系统化的管理体系。

（1）户县政府

政府的主要责任是协调各方，共同完成包括规划编制、规划实施以及管理等方面的工作。政府是绿道项目的运行管理主体，对绿道项目的建设有着至关重要的影响。

（2）建设单位

建设单位的主要责任是对绿道的建设和维护，他们与政府协同工作是实现绿道建设的重要因素。

4. 改进建议

针对管理者的每一单项问题的具体结果及分析，详见附录一，根据其分析结果，改进建议如下：

（1）功能风格定位

所涉及问题为1.1、1.2。

主要存在问题：风格定位不明显；绿道野趣不够，乡土气息不浓；绿道的生态效益不够；绿道未形成致富效益规模。

设计指导一：需根据不同人群进行不同层次的定位，立足山麓，体现乡野；秦岭气质的体现，应在历史、人文、社会等各个角度进行推敲，不仅是针对形体外在的模仿。

设计指导二：功能定位应与建设周期结合，在绿道处于初步完善的时期，相关配套设施也应该同时完善。

（2）管理体制

所涉及问题为1.4、1.6、1.7。

主要存在问题：政府主导，主体建设单位过多，体制混乱；与政绩挂钩，容易偏离绿道建设的根本；管理体制不健全，无统一的管理主体，无执法权；资金不足，财政有限。

管理改进一：成立绿道管理主体，完善管理体制，明确各部门职责，相互协调工作。

管理改进二：当启动资金不足时，优先开发重点项目，抓住机会提升和完善绿道建设，并且需要不断适应发展使用模式，以满足绿道自身需要。

（3）维护管理

所涉及问题为1.4、1.5、1.6。

主要存在问题：植被、卫生及设施维护不到位。植被维护是出于使用者安全考虑，如保持良好的视线，保持绿道优美的环境，生态的可持续发展等。

管理改进一：制定正确的维护规划和设计；各项设施维护分配明确责任人，制定维护清单和列表，同时提出解决方案的报告。

（4）宣传管理

主要存在问题为绿道宣传不到位。

管理改进一：加大宣传力度，例如与旅游工作者合作，与电视广播合作积极推广绿道。

4.4.6　权属单位调查（POE-E）

1. 问卷设计概况

权属单位主要是指从绿道沿线经过的各独立权益方，包括部分村民耕地、生产用地以及地产项目用地，政府在绿道建设过程中需与各权属单位协商，包括征地、建设等。问卷问题包含绿道与权属单位环境的融合度、绿道对权属单位的影响、满意程度等方面。

2. 原始问卷设计（图4.7）

3. 人群分析

通过与政府的协商，权属单位与政府共同承担了绿道的建设任务，权属单位分为建设者和相关者。建设者承担了部分绿道建设任务，相关者指绿道经过用地的所有者，受绿道的影响与辐射。

权属单位填写：

3.1 您希望户县绿道能够给贵单位带来什么（可多选）
□休闲娱乐 □骑游 □交通功能 □门户形象展示 □经济效益 □其他 _____

3.2 户县绿道与贵单位环境融合程度如何？不好□1 □2 □3 □4 □5 好

3.3 户县绿道对单位有哪些影响？ _____

3.4 您对户县绿道的建成成果是否满意？
□满意，在哪些方面比较满意？ _____
□不满意，在哪些地方不满意？ _____

图4.7 权属单位原始问卷

4. 需求分析

建设者：希望通过绿道更好地展示自身所在单位的外部形象，他们更注重绿道与自身所在单位的连接度。

相关者：绿道的修建使游客数量增多，对农产销售具有积极的作用。

5. 改进建议

主要改进意见：绿道要与商户建立连通路线；权属单位自己修建绿道时，其风格应兼顾绿道整体风格。

4.4.7 五大类使用主体综合汇总分析（表4.1）

五大类使用主体综合汇总分析表

表 4.1

一级指标	二级指标	三级指标	骑行者	风景园林专家	管理者	村民	权属单位
设计与建设	定位	功能定位	生态廊	问题1：野趣不够，乡土气息不浓；问题2：生态效益不明显 改进1：根据人群不同进行不同层次定位，立足山麓，体现乡野；改进2：增设多条不同风格线路	问题1：生态效应不明显；问题2：设计种植形式过于城市化 改进1：减少硬质铺装，增加砂石路等生态铺地，多用生态型工艺手法；改进3：植被乡土化；改进4：显山露水；改进5：结合雨水利用以满足生态效应	问题1：野趣不够，乡土气息不浓；问题2：生态效益不明显；问题3：未形成规模，致富效益未显示 改进1：功能定位应与建设周期结合	问题1：规模未形成，生态效益、经济效益不明显；问题2：绿道休闲功能与村民日常活动衔接不够 改进1：绿道定位结合村民经济活动，尤其在葡萄售卖、交通营运方面；改进2：绿道定位应结合村民的休闲娱乐活动，满足其需求，增加幸福指数	问题1：结合自身项目修建，容易偏离绿道建设的根本 改进1：绿道要与商户建立连通路线；改进2：权属单位建设绿道时，设计单位需要统筹考虑其需求
			幸福道					
			致富路					
		风格定位	秦岭气质乡土气息					
	选线	Q1：游径选择	选择布局结构	问题1：选线连接度不够；问题2：选线没有考虑生态性因素；问题3：噪声影响未处理；问题4：横向可进入性不强 改进1：完善结构，延伸线路，连接资源，形成网络；改进2：临景原则、临径原则、临界原则、临下原则；改进3：远离污染源（空气污染、噪声污染、水污染）	问题1：选线连接度不够；问题2：选线没有考虑生态性因素；问题3：噪声影响未处理；问题4：与环山路隔离较差；问题5：环山路并未完全连通，部分路段需从环山路逆向通过，安全性不够 改进1：完善结构，延伸线路，连接资源，形成网络；改进2：临景原则、临径原则、临界原则、临下原则	问题1：选线连接度不够 改进1：完善结构，延伸线路，连接资源，形成网络；改进2：临景原则、临径原则、临界原则、临下原则；改进3：完善用地管理制度，资金制度、维护制度；改进4：设计横向游览路，增加介入性		问题1：建设经验不足 改进1：施工时，管理单位需建立与权属单位的协调机制

一级指标	二级指标	三级指标	骑行者	风景园林专家	管理者	村民	权属单位
选线	Q2：景观资源连接度	连接山体	改进4：完善用地管理制度；改进5：设计横向游览路，增加介入性；改进6：在环山路侧建立植物、地形屏障，阻挡噪声干扰	改进3：在环山路侧建立植物、地形屏障，阻挡噪声干扰；改进4：选线远离环山路，以自然景观为点，引导自行车道选线布局；改进5：打通城市与郊区的连通性；改进6：建设宽度事宜的廊道；改进7：在峪口结合应以架桥等方式通过，避免绕入环山路逆行；改进8：要有有吸引力的目的地			
		连接峪口					
		连接人文景点					
		连接城市					
	Q3：区域整体环境	气候					
		噪声					
		空气质量					
		卫生环境					
	Q4：廊道宽度	基本生态控制线					
		游憩半径					
		自然条件限制					
		建设现状限制					
设计与建设	慢行道	Q1：道路参数：长度、坡度、弯曲度、宽度	问题1：道路参数设计没有根据人群进行分类设计；问题2：材质单一，无变化；问题3：地形、植被没有营造出多类型空间（封闭、半封闭、开敞空间）；改进1：道路长度加长，设计出入口；改进2：宽度适当加宽，可以进行宽窄变化设计；改进3：颠簸段设计；改进4：增加材质类型、增加路面变化、增加铺装节奏感、增加乡土材料铺装；改进5：廊道宽度按照生态因素考虑。增加林荫树，增加乡土树种使用率；改进6：因地制宜建造地形，少做土方，结合主题进行地形设计；改进7：遮挡消极景观	问题1：材质单一，无变化；问题2：地形、植被没有营造出多类型空间（封闭、半封闭、开敞空间）；问题3：部分材料材质过于光滑，没有秦岭气质；问题4：植物遮荫不足；改进1：道路长度宜在6～10km之间；改进2：宽度适当加宽，可以进行宽窄变化设计；改进3：适当增加颠簸段设计；改进4：增加材质类型、增加路面变化、增加铺装节奏感、增加乡土材料铺装；改进5：廊道宽度按照生态因素考虑，增加林荫树，提高乡土树种使用率；改进6：遮挡消极景观；改价7：材质上最好使用渗水材质，如透水沥青等；改进8：局部增加高大乔木；改进9：增加公路一侧种植密度和高度阻绝机动车道带来的影响，在交叉口处的植物配置应避免视线的盲点；改进10：增加抗污树种和香花树种；改进11：增加一些体验性材质，如磨盘；改进12：材料应该粗糙，凸显秦岭气质；改进13：望山一侧，部分地段减少高大乔木种植，以便打开视线	问题1：长度不够，未成规模；问题2：宽度不够；问题3：植被问题突出，资金量不够；改进1：道路长度加长，设计出入口；改进2：宽度适当加宽，可以进行宽窄变化设计；改进3：增加多类型植被空间		
		Q2：路面铺装：路面材质、材料性能、骑行感受					
		Q3：地形景观：空间限定、视觉效果、路面感受					
		Q4：植被景观：生态修复、空间营造、季相、视觉效果					

续表

一级指标	二级指标	三级指标	骑行者	风景园林专家	管理者	村民	权属单位
交通衔接	Q1：与城市的衔接		问题1：与城市连接度不够，与景观资源连接度不够； 问题2：与环山路衔接不完善，出入口不安全； 问题3：交通集散不完善，无停车区域 改进1：建立与城市相连的休闲廊道或安全的交通系统； 改进2：完善城市与秦岭山区的通勤制度； 改进3：强化入口标识； 改进4：公交换乘处绿道增设开口； 改进5：增设路障或减速区； 改进6：衔接处喷涂特殊颜色便于机动车察觉	问题1：与城市连接度不够，与景观资源连接度不够； 问题2：与环山路衔接不完善，出入口不安全； 改进1：建立与城市相连的休闲廊道或安全的交通系统； 改进2：强化入口标识； 改进3：增设路障或减速区； 改进4：衔接处喷涂特殊颜色便于机动车察觉； 改进5：建立便捷的交通转换点； 改进6：建议10km左右设置一个与机动车道的连接点，并设置停车场，便于交通转换	问题1：与城市连接度不够； 问题2：与环山路衔接不完善，出入口不安全； 问题3：交通集散不完善，无停车区域 改进1：建立与城市相连的休闲廊道或安全的交通系统； 改进2：建设生态停车场	问题1：与环山路衔接不完善，出入口不安全 改进1：强化入口标识； 改进2：增设路障或减速区； 改进3：衔接处喷涂特殊颜色便于机动车察觉	问题1：交通衔接过于偏重自身建设 改进1：建设绿道时，考虑出入口与其他衔接要素的关系
	Q2：与其他景观要素的衔接	同Q21					
		同Q22					
		同Q23					
		同Q24					
	Q3：与环山路的衔接	绿道出入口					
		与换乘点的衔接					
		安全问题					
设计与建设	服务设施	Q1：配套指标	问题1：配套设施不完善，指标不足 改进1：指标配比需符合山麓区特质； 改进2：集中设置，与其他设施同步设计； 改进3：风格需要考虑地域性	问题1：配套设施不完善，指标不足 改进1：集中设置，与其他设施同步设计； 改进2：风格需要考虑地域性、秦岭气质； 改进3：一级驿站布局应考虑大型的交通集散点；结合主要规划发展片区；满足旅游集散功能； 改进4：二级驿站应考虑结合重要景区出入口，结合古镇名村，结合主要景点； 改进5：三级驿站应考虑结合次要的峪口，结合小景点，结合现有村庄	问题1：配套设施不完善，指标不足，极度缺乏； 问题2：资金不足 改进1：风格需要考虑地域性、秦岭气质； 改进2：增加资金投入量，秦岭办需要与市政府做好充分的沟通		
		Q2：设施布局					
	标识	Q1：引导类标识	广域引导	问题1：标识配套不完善，指标不足； 问题2：现有标识内容不清晰，引导性不足 改进1：标识设计结合地域特征； 改进2：标识内容清晰，表达完善； 改进3：加强人文标识含量，突出人文特性； 改进4：增设禁止警示类标识	问题1：标识配套不完善，指标不足； 问题2：现有标识内容不清晰，引导性不足 改进1：增设广域引导； 改进2：增设区域引导，建议500m设引导标识； 改进3：引导类标识； 改进4：标识设计结合地域特征； 改进5：标识内容清晰，表达完善； 改进6：加强人文标识含量，突出人文特性； 改进7：增设禁止警示类标识； 改进8：在标示上体现山体名称、景点、峪口	问题1：标识配套不完善，指标不足； 问题2：现有标识内容不清晰，引导性不足 改进1：标识设计结合地域特征； 改进2：标识内容清晰，表达完善； 改进3：加强人文标识含量，突出人文特性； 改进4：增设禁止警示类标识		
			区域引导					

一级指标	二级指标	三级指标	骑行者	风景园林专家	管理者	村民	权属单位
设计与建设	标识	Q2：解释说明类标识	景观介绍	问题1：标识配套不完善，指标不足；问题2：现有标识内容不清晰，引导性不足	改进9：标示设置应与交叉口结合，形式材料应与秦岭文脉相符；改进10：标示材质在色彩上提高亮度和辨识度			
			管理说明					
			人文介绍	改进1：标识设计结合地域特征；改进2：标识内容清晰，表达完善；改进3：加强人文标识含量，突出人文特性；改进4：增设禁止警示类标识				
		Q3：禁止警示类	禁止标识					
			安全警示					
	照明	Q1：分区照明		问题1：无照明	问题1：无照明	问题1：无照明		
		Q2：照明方式	较低高度的景观用灯	改进1：增设路灯；改进2：增设场景灯	改进1：照明分区；改进2：增设路灯；改进3：按照设计主题配备照明类型	改进1：增加资金投入		
			中等高度的景观用灯					
			停车场和路灯					
管理		管理体制		问题1：维护不到位；问题2：宣传不到位，人们不了解绿道改进1：增加维护设施力度；改进2：加大卫生维护力度；改进3：加大宣传力度	问题1：无管理措施；问题3：宣传不到位，人们不了解绿道改进1：加大资金投入和宣传力度；改进2：多使用乡土树种减少后期维护难度	问题1：管理体制不健全，无管理主体，无执法权；问题2：维护不到位；问题3：宣传不到位，人们不了解绿道改进1：成立绿道管理主体，完善管理体制；改进2：政府放开审批权和执法权；改进3：增加维护设施，加大卫生维护力度；改进4：加大宣传力度	问题1：宣传不到位，人们不了解绿道改进1：结合当地村民生活习惯，将绿道融入村民生活中	问题1：与管理单位交流不畅改进1：成立专门绿道建设单位，并强化与建设单位的沟通力度
	维护	植被维护						
		设施维护						
		卫生维护						
	宣传							

总结篇 >>>>>

5.1 绿道之于秦岭交通史的全新探索意义

大秦岭已有三千年道路建设历史。自西周起，凿通秦岭就是古人的巨大诉求。司马迁在《史记》中写下"秦岭，天下之大阻也"，秦岭高大的身躯将天下阻隔成南、北两方而难以逾越，使李白发出"蜀道之难，难于上青天"的喟叹！开凿古道的代价是"地崩山摧壮士死，然后天梯石栈相钩连"，能够跨越秦岭而连接秦、蜀两地的古道，最终都在历史上留下大名，秦蜀道、褒斜道、傥骆道、子午道和蓝武道道汇长安而享誉天下，成为秦岭乃至华夏文明历程的沧桑见证。

大秦岭绿道在三千年秦岭道路建设历史面前是全新的。"萧瑟秋风今又是，换了人间"，现代意义的大秦岭山麓区绿道网络规划，则突破了千年古道的纵向格局，以昂扬横出的全新姿态，沿秦岭山麓东西向蜿蜒近千里，囊括众多的山口、河口、峪口和长达三百余公里的山缘线，钩连43个峪口、10座水库、63处景点和184处村庄，集生态、美学、游憩、交通、文化、经济等多种功能于一身。作为古老秦岭道路交通史上的新生事物，秦岭绿道的规划建设不可避免地在不断摸索中、不断试错中前行，因此非常有必要从各个角度对刚刚建成的绿道示范段进行认真分析、评价、反思和总结。相关研究工作的开展，能为秦岭道路建设的历史续写别致而有益的一笔。

5.2 山麓型绿道的规划设计框架

山麓绿道规划设计框架，如图5.1所示。

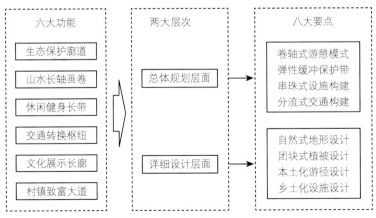

图5.1 山麓型绿道规划设计框架

5.3　山麓型绿道的六大功能特性

山麓型绿道指以山麓区自然环境为基底，以慢行系统为骨架，具备生态保护、休闲游憩等功能的线性绿色空间。从与城市的关系来看，可分为城市山麓型绿道、城郊山麓型绿道、郊野山麓型绿道等类型。山麓绿道的特性来源于其所依托的山麓区的多种属性与特征。

山麓可以理解为山体底部与平原或谷地相连的部分，有明显的坡折线，而山麓区指以坡折线为中心向坡面和平地延伸的区域。从要素构成、空间形态与角色功能的角度看，山麓区具有六大特点：①地貌复杂多样、地形起伏变化。山麓区常见的山麓斜坡堆积地貌包括洪积扇、坡积裙、山前平原、山间凹地等多种地貌类型，造成了起伏不定的地形地貌特征。②生物多样性高、环境敏感度高。山麓区处于山岳和平地两大生态系统的交界，又因其丰富的地形地貌、多样的水文植被、特殊的土壤岩层等自然因素相互作用，形成了丰富多样的栖息地环境，具有较高的生物多样性。③人文历史悠久、人类活动较多。山麓区良好的环境，常常吸引古人在此耕作、隐居、狩猎、游憩，久之留下大量的历史遗迹，成为重要的游憩场所。④空间呈狭长带状，视线一面封闭一面开敞。横向来看，山麓区处于山岳与平原交界处，自然就形成了一条横向的带状空间，而在这条带状空间上，朝向平原一面则视线开敞，朝向山岳一面则视线封闭或半封闭。⑤区位处于城山过渡地带。作为山—城交互体系中的缓冲区，山麓区作为城市人工景观与山岳自然景观的交界面，承担着城乡活动区对山岳自然保护区的人工干扰的缓冲作用。⑥观山、望水是构成空间的两大要素。山麓区具备丰富的自然美景以及良好的视线，是集合自然美学和中国传统山水美学于一体的特殊空间，具备其他区域不具备的观山、望山视角及山水美学特征。

上述山麓区的特点，决定了山麓型绿道应该具有生态、美学、游憩、交通、文化、经济方面的六大功能特性，包括：①生态保护廊道，帮助保护、恢复与整治山麓生态环境，发挥生物多样性保护方面的廊道功能；②山水长轴画卷，提炼与展示山麓区这一山水长轴画卷中的典型美景，以"游观"的方式达到望山、观水的山水美学体验；③休闲健身长带，串联峪口、水体、村庄、名胜等山麓区各种游憩休闲场所，提供观光、采摘、骑行、健走、垂钓等多种游憩活动类型；④交通转换枢纽，联系山麓区各个峪口及居民点、交通点，转换平原机动交通与山地的非机动交通方式；⑤文化展示长廊，连接山麓区重要的人文资源点，保护与展示地方文化与民俗风情；⑥村镇致富大道，串联沿线产业点与资源点，激活乡村产业并带动旅游发展。

总之，山麓区绿道应该尽可能地发挥复合功能，反映出山麓区在地势、生态、人文、空间、美学、区位等方面的特性，以区别于其他类型的绿道。

5.4 山麓型绿道总体规划的四大要点

1. 选线规划方法——卷轴式游憩模式

卷轴式游憩模式是针对山麓区特殊视觉场，基于山麓型绿道游憩者与山体的相对运动关系以及山麓区单面展开的特殊景观界面提出的，建立在具有浓郁观山文化的中国山水文化基础上的游憩模式。卷轴式游憩模式主要研究内容为林山关系和游憩走向与节奏。

选线规划中提出了三大阶段目标、两大选线原则、四大选线策略及五步骤选线方法。山麓型绿道选线方法采用"五步骤选线法"，以视觉分析法、层次分析法、AHP法、GIS软件分析法、景观学综合分析法作为选线方法基础，对资源按类型建立评价体系并分层提取叠加，选取得分较高的资源点（线、面），根据山麓区地形、环境特殊性，进行现场评估调试，调整连接路径，综合比较研究，最终形成选线走向与布局。

2. 建设区、缓冲区划定方法——弹性缓冲模式

弹性缓冲模式是山麓型绿道的功能体现，是在城乡活动区和山岳自然保护区中间建立的缓冲空间，通过建设量和开发策略控制人工干预程度。

3. 配套设施规划方法——串珠式设施构建模式

串珠式设施构建模式是在山麓区线性空间以及绿道线形游径布局走向的基础上提出来的分层分类的设施规划方法。

4. 交通衔接规划方法——分流式交通构建模式

在处理交通接驳的常规方法基础上，将横向分流引入该部分内容，在交通接驳点设置基础设施，将纵向人流横向化，机动车非机动化，减缓纵向干扰。

5.5 游憩主导的山麓型绿道设计的四大要点

1. 地形设计——随坡就势的自然式营造法

针对平地、坡地及复杂地形采用灵活的设计策略，应尽量减少土方量，通过地形塑造来组织封闭与开敞交织的空间，引导视线高低错落，提供起伏不定的骑行感受。

2. 植被设计——团块式、簇群式植被营造法

包括三大层面的11项具体要点：一是生态层面，要基于秦岭北麓生态格局来进行植被群落设计，包括植被覆盖方式、林地合理规模、地域植物种类、生物多样性、植物群落演替设计5个要点；二是美学层面，强调视景画面构成的林冠线和种类设计，包括画面感构成方式、林冠线、植物季相色彩及尺度设计3个要点；三是游憩层面，提出长卷式游观

中的空间序列塑造，包括不同游憩方式与速度下的林地空间尺度、林地空间类型、林缘线设计3个要点。

3. **游径设计——就地取材的本土化建造**

游径应尽量利用现有的道路，新设计路段在满足其基本功能的基础上，应尽量采用低成本、低维护、与环境协调的本土化材料，并且采用当地的施工工艺和习惯做法。

4. **设施设计——符合山麓区形象的乡土化风格**

驿站应尽量利用现有的村庄，在整体造型、风格上要体现山麓区的地域特点，满足视觉心理上的协调感，在材质和造型上体现地域文化特征，设计形式或元素可从当地乡村生活场景、乡村景观中提取。

附录一：五大主体调研问卷单项分析

1 骑行者问卷设计与单项分析

1.1 骑行者问卷设计（75份）：

尊敬的朋友：

尊敬的朋友：您好，非常感谢您在百忙之中接受此次问卷调查，本次调查仅用于学术研究，您的意见和建议将有助于秦岭北麓绿道网络系统进一步的优化完善。

1 个人情况 　　　　　 使用绿道方式：□自行车 　□步行 　□电动车

1.1 你的年龄＿＿＿＿＿ 性别＿＿＿＿＿如何到达：□骑车 　□驾车 　□公交 　□其他：

1.2 职业：□学生 　□教师类 　□工人 　□农民 　□商人 　□服务人员 　□退休人员 　□公务员 　□白领

1.3 来自于：□西安市 □西安市周边（郊县、大学城、周边县市） 　□外地

1.4 你来绿道的目的（可多选）：□骑游 　□观赏 　□散步 　□锻炼身体 　□路过（交通功能）

1.5 事先是否了解绿道？（何种渠道）□知道（□网络报纸电视 　□听别人说 　□路牌 　□其他） 　□不知道

1.6 来过几次？□第一次 　□少于5次 　□5次~10次 　□10次以上 　□或固定频率

2 活动量

2.1 骑行的长度？□非常长 　□较长 　□正好 　□较短 　□非常短（建议长度： ）

2.2 弯曲度和坡度？很差 　□1 　□2 　□3 　□4 　□5 　很好

2.3 宽度？很差 　□1 　□2 　□3 　□4 　□5 　很好

2.4 骑行的路面感受？很差 　□1 　□2 　□3 　□4 　□5 　很好

3 环境及环境气氛

3.1 绿道内气候舒适度（小气候环境）？很差 　□1 　□2 　□3 　□4 　□5 　很好

3.2 环境噪声容忍度？很差 　□1 　□2 　□3 　□4 　□5 　很好

3.3 空气质量？很差 　□1 　□2 　□3 　□4 　□5 　很好

3.4 景观整体形象？很差　□1　□2　□3　□4　□5　很好

3.5 植物景观（季相、多样性、疏密、遮荫）?　很差　□1　□2　□3　□4　□5　很好

3.6 地形处理（地面高差起伏）?　很差　□1　□2　□3　□4　□5　很好

3.7 铺装？很差　□1　□2　□3　□4　□5　很好

3.8 绿道景观与山体、峪口等地域结合程度？很差　□1　□2　□3　□4　□5　很好

4 环境设施和小品设施

4.1 卫生环境怎么样？很差　□1　□2　□3　□4　□5　很好

4.2 植物养护程度？很差　□1　□2　□3　□4　□5　很好

4.3 休闲平台数量是否合适？很差　□1　□2　□3　□4　□5　很好

4.4 最急需的设施是什么？（可多选）□厕所　□座椅　□垃圾桶　□护栏　□标识牌　□其他

5 整体

5.1 对绿道的整体评价？很差　□1　□2　□3　□4　□5　很好

5.2 你对这里印象最深的是：＿＿＿＿＿＿＿＿＿＿＿＿＿＿＿＿＿

5.3 觉得绿道有哪些好处？□休闲　□娱乐　□骑游　□低碳环保　□社交活动　□生态保护

6 其他意见（＿＿＿＿＿＿＿＿＿＿＿＿＿＿＿＿＿＿）

1.2　骑行者问卷分析：

问卷设计概况：本次问卷调查针对骑行者、游人主体，共发放80份调研问卷，其中有效问卷75份。

1. 使用绿道方式：

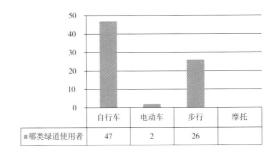
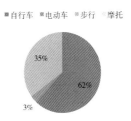

调查结果显示，绿道使用方式以自行车、步行为主，占据97%，说明绿道使用情况基本符合设计要求。

2. 你的年龄

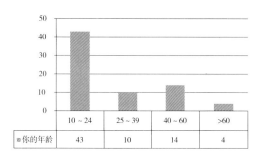
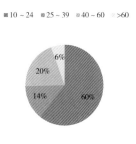

	10 ~ 24	25 ~ 39	40 ~ 60	>60
你的年龄	43	10	14	4

　　通过问卷统计数据显示，绿道使用主体的年龄布在10~24岁，原因是地理因素，因为绿道靠近大学城，学生使用者居多（慢速使用者）；40~60岁的使用者占总数的20%，是除学生以外的使用主力，以驴友为主（注重道路品质，不注重景观品质快速使用者）。

3. 性别

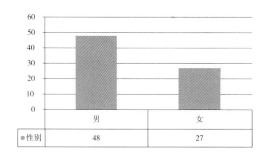
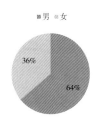

	男	女
性别	48	27

　　问卷数据显示，绿道骑行者和游客中男性占主体，因为驴友多以男性为主。

4. 如何到达：口骑车 口驾车 口公交 口其他：

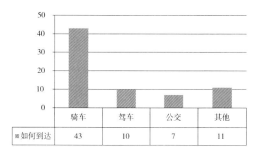
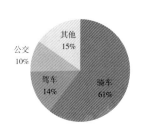

	骑车	驾车	公交	其他
如何到达	43	10	7	11

　　问卷数据显示，到达绿道最多的方式为骑车，说明到达绿道的使用者多为专业骑行者，而绿道的地理位置与西安市区的距离为50公里，骑行时间为2~3小时，也比较适合专业骑行的时间和距离。

5. 职业：□学生 □教师类 □工人 □农民 □商人 □服务人员 □退休人员 □公务员 □白领

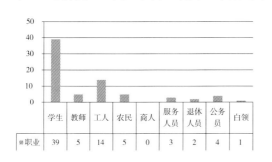 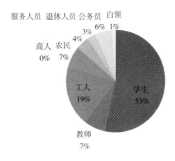

	学生	教师	工人	农民	商人	服务人员	退休人员	公务员	白领
职业	39	5	14	5	0	3	2	4	1

通过问卷统计数据显示，绿道使用主体以学生为主，原因是地理因素，因为绿道靠近大学城，学生使用者居多。

6. 来自于：□西安市 □西安市周边（郊县、大学城、周边县市）□外地

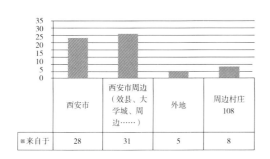 

	西安市	西安市周边（效县、大学城、周边……）	外地	周边村庄 108
来自于	28	31	5	8

通过问卷统计数据显示，绿道使用主体来自西安和周边占82%，外地游客较少。绿道对西安市及周边地区影响较大，外地游客较少原因为宣传力度小，旅游市场未成熟。

7. 你来绿道的目的（可多选）：□骑游 □观赏 □散步 □锻炼身体 □路过（交通功能）

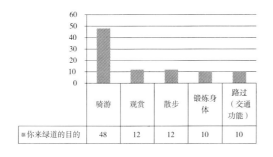 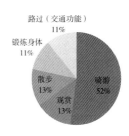

	骑游	观赏	散步	锻炼身体	路过（交通功能）
你来绿道的目的	48	12	12	10	10

通过问卷统计显示，52%被调查者来绿道的主要目的是骑游，其中观赏、散步、锻炼身体、路过各10%左右。可见有绿道不仅为骑行者提供了良好的骑行环境，还提供了一个休闲的平台。

8. 事先是否了解绿道?

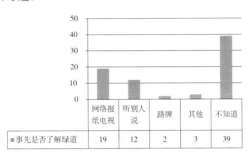 

问卷统计显示：52%被调查者不了解本段绿道；25%是通过网络电视和周围人的介绍的。由此说明绿道的宣传力度不够，应加强推广；听人说或媒体推广了解绿道的占41%，说明宣传也是有效的，仍需加强。

9. 来过几次?

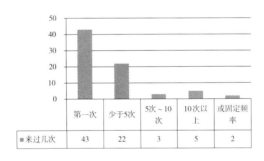 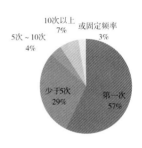

卷统计显示：57%被调查者是第一次来绿道，只有3%是固定频率来绿道骑行。

10. 骑行的长度?

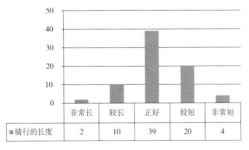 

问卷统计显示：按照绿道游径设计标准，骑自行车一般为5～20英里/小时（1英里约1.6km），该绿道长度为（7km），正常骑行时间为一小时左右，在骑行者生理承受范围内，因此60%被调查者认为长度适宜；5%的人群为专业骑行者，认为距离较短；8%认为非常短；2%认为非常长。由此可以看出绿道设计的长度符合大多数人群的需求。

11. 弯曲度和坡度?

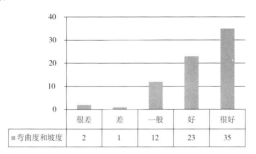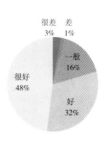

	很差	差	一般	好	很好
▨弯曲度和坡度	2	1	12	23	35

问卷统计显示：48%的人认为自行车道的弯曲度和坡度较好；4%左右的人认为比较差，没有达到预期的效果。绿道的纵向坡度为3%～8%；横向坡度为2%～4%，设计坡度在游径可达性开发导则规范内，部分弯度设计存在问题，如颠簸段转弯半径过小，不太适宜骑行。

12. 宽度?

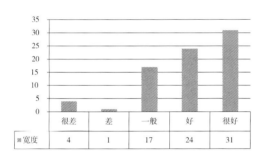

	很差	差	一般	好	很好
▨宽度	4	1	17	24	31

问卷统计显示：40%的人认为自行车道的宽度适宜，还有5%左右的人认为比较差，2.5m宽度骑行没有达到预期的效果。按照AASTHO对骑行宽度的要求，单向自行车道宽度为5ft（1.5m）、双向自行车道宽度为10ft（3m）、三向自行车道宽度为12.5ft（3.75m）。骑行者遇到会车情况时，宽度不够。

13. 骑行的路面感受?

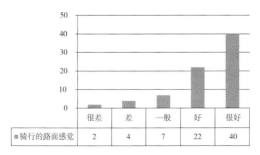

	很差	差	一般	好	很好
▨骑行的路面感觉	2	4	7	22	40

问卷统计显示：83%的骑行者认为路面感受良好，3%左右的人认为比较差，认为应该增加路面颠簸段和骑行难度。

14. 绿道内气候舒适度（小气候环境）?

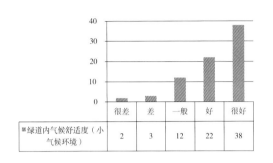 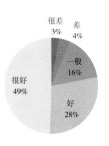

	很差	差	一般	好	很好
▨绿道内气候舒适度（小气候环境）	2	3	12	22	38

问卷统计显示：77%的人认为绿道内气候舒适度（小气候环境）良好，由于地处秦岭山脚远离城市，环境优美、空气质量较好；还有7%左右的人认为比较差，绿道里环山公路较近，受环山路尾气排放污染。

15. 环境噪声容忍度?

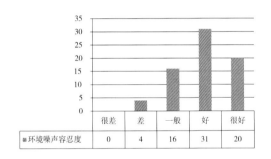 

	很差	差	一般	好	很好
▨环境噪声容忍度	0	4	16	31	20

问卷统计显示：环境噪声受环山路影响，但72%的骑行者认为可以容忍；还有6%左右的人认为比较差。

16. 空气质量?

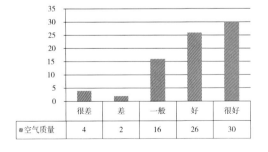 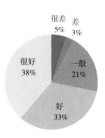

	很差	差	一般	好	很好
▨空气质量	4	2	16	26	30

问卷统计显示：38%的骑行者认为空气质量较好；8%左右的人认为比较差，若远离环山路，空气质量会更好。

17. 景观整体形象？

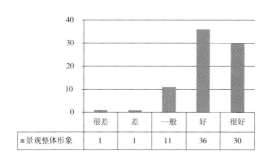 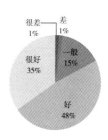

	很差	差	一般	好	很好
▨ 景观整体形象	1	1	11	36	30

　　问卷统计显示：83%的骑行者认为景观整体形象很好；2%的骑行者认为较差，主要原因在于绿道建设之初，植被景观未达到设计预期效果，小品景观缺乏。整体景观形象也受调研当天天气影响。

18. 植物景观（季相、多样性、疏密、遮荫）？

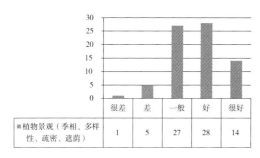 

	很差	差	一般	好	很好
▨ 植物景观（季相、多样性、疏密、遮荫）	1	5	27	28	14

　　问卷统计显示：56%的骑行者认为景植物景观的多样性、疏密以及遮荫比较好；36%的骑行者认为比较一般；8%的骑行者认为植被景观较差，原因是植被处于初栽时期，未达到成年植被的景观效果，调研处于秋季，植被景观并不是最好时期，季相变化不太明显。另外，建议植被设计应该尽量采用秦岭当地乡土树种种植。

19. 地形处理（地面高低起伏）？

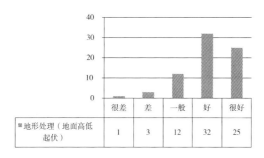 

	很差	差	一般	好	很好
▨ 地形处理（地面高低起伏）	1	3	12	32	25

　　问卷统计显示：78%的骑行者认为地形处理时很好的，17%认为一般，5%认为较差。所以在绿道设计的地形处理方面，按照每个分段的主题定位，应形成变化的地形景观。

20. 铺装？

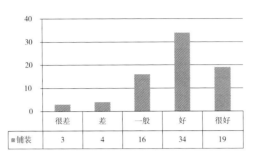 

	很差	差	一般	好	很好
铺装	3	4	16	34	19

　　问卷统计显示：70%的骑行者认为绿道所应用到的铺装是比较好的，因为沥青路面在骑行舒适度上具有优势，柔韧性好，适用于各种天气，不会被腐蚀；21%骑行者认为一般；9%认为还是有缺陷，路面铺装较为单一，缺乏变化与骑行乐趣，缺少乡土元素中"野"的感觉。所以建议多使用乡土材料铺装，丰富铺装类型，增强铺装变化节奏。

21. 绿道景观与山体、峪口等地域结合程度？

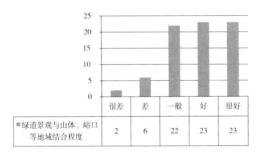 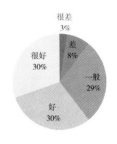

	很差	差	一般	好	很好
绿道景观与山体、峪口等地域结合程度	2	6	22	23	23

　　60%认为绿道景观与山体，峪口等地域结合程度是比较好的，绿道是距离秦岭最近的公共骑行休闲场所，可以直接地观山，感受秦岭气质；29%的骑行者认为结合情况一般；11%认为结合较差，没有与进入峪口的道路衔接，本次建设为示范段，修建距离较短，还未深入峪口、连接山体等景观资源。

22. 卫生环境怎么样？

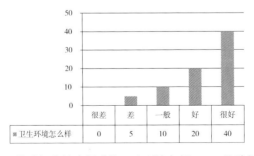 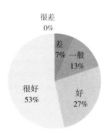

	很差	差	一般	好	很好
卫生环境怎么样	0	5	10	20	40

　　问卷统计显示：80%的骑行者认为绿道的卫生环境良好；13%的骑行者认为一般；7%认为较差，因绿道整个范围内无环卫设施，产生垃圾无处丢弃，影响卫生环境。

23. 植物养护程度

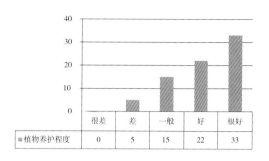 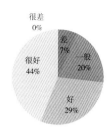

	很差	差	一般	好	很好
植物养护程度	0	5	15	22	33

　　问卷统计显示：73%的骑行者认为绿道的养护程度良好；20%认为一般；7%认为养护很差，认为养护很差的人群的主要考虑因素是植被景观效果。

24. 休闲平台数量是否合适?

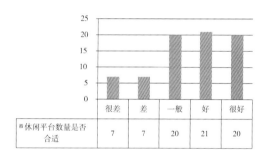 

	很差	差	一般	好	很好
休闲平台数量是否合适	7	7	20	21	20

　　问卷统计显示：55%的骑行者认为绿道的休闲平台数量较合理；27%的骑行者认为休闲平台数量设置一般，基本满足需求；18%的骑行者认为数量较少，不能满足使用，而且有些休息平台自行车不可达。

25. 最急需的设施是什么?

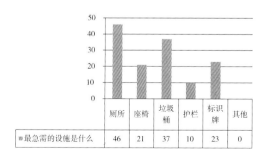 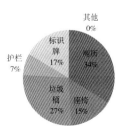

	厕所	座椅	垃圾桶	护栏	标识牌	其他
最急需的设施是什么	46	21	37	10	23	0

　　问卷统计显示，骑行者最需要的设施为厕所、垃圾桶、标识牌，缺乏基本的配套设施，对绿道游憩产生了很大的影响，直接关系到游憩的满意度，因此应该加快基础设施的建设。

26. 对绿道的整体评价?

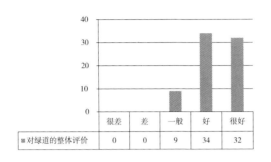
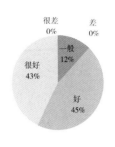

	很差	差	一般	好	很好
▨ 对绿道的整体评价	0	0	9	34	32

问卷统计显示：88%的骑行者认为绿道整体建设很好，整体效果较为满意；12%认为一般。

27. 觉得绿道有哪些好处?

问卷统计显示：30%的骑行者认为骑游是绿道的最大好处。23%认为休闲娱乐也是绿道一大好处。说明绿道的修建不仅为骑行者提供了良好的锻炼平台，还兼顾了休闲娱乐。

2 村民问卷设计与单项分析

2.1 村民问卷设计：（50份）

1. 您从事的产业?

□一般农业 □农产销售 □餐饮 □苗圃种植 □交通营运 □环卫工作 □绿道维护 □其他

2. 您从事的工作与户县绿道是否有关系吗? □有关系 □没关系

3. 你认为户县绿道有哪些好处?（可多选）

□休闲娱乐 □骑游 □低碳环保 □社交活动 □生态保护 □交通功能 □农产品收入

4. 您希望户县绿道能够给您带来什么?（可多选）+

□就业机会 □优美的环境 □休闲运动 □经济价值（游客资源） □其他

5. 您对户县绿道的建成成果是否满意?

□满意，在哪些方面比较满意? □不满意，在哪些地方不满意?

6. 户县绿道建成之后，环境是否改变? □变好 □变坏

7. 户县绿道建成之后，农产收入是否增加? □增加 □减少 □没变

8. 户县绿道建成之后，出行是否方便? □方便 □不方便

2.2　村民问卷分析:（50份）

在村民问卷调查中，共发放55份问卷，其中有效问卷为50份。问卷问题包含村民就业基本信息、绿道建设对其影响、村民在绿道建设中的心理预期、绿道建成后效果满意程度。主要目的是通过问卷调查来发掘绿道最普遍的使用者和土地的利益主体对绿道的需求以及村民对目前建成绿道的满意程度。

1. 您从事的产业?

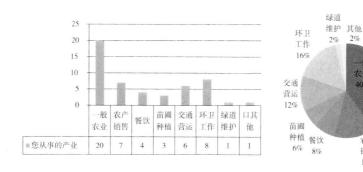

在村民问卷调查过程中，一般农业者占40%，其他从业者多以农产销售、环卫等工作为主。绿道建设的初衷是修建游憩带的同时给村民修建一条致富路，希望给村民带来收入。

2. 您从事的工作与户县绿道是否有关系吗?

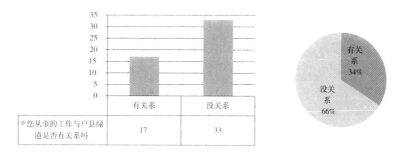

在村民问卷调查过程中，66%的问卷显示其从事工作与绿道无关。绿道后期维护应考虑由附近村民就近安排，给他们增加就业机会的同时也维护好绿道的环境卫生。

3. 你认为户县绿道有哪些好处？

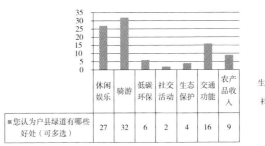

	休闲娱乐	骑游	低碳环保	社交活动	生态保护	交通功能	农产品收入
您认为户县绿道有哪些好处（可多选）	27	32	6	2	4	16	9

在问卷中，认为绿道带来的好处排在前三的是骑游、休闲娱乐和交通，农产品收入也是好处之一，这是关于他们的切身利益的功能。绿道的交通功能相对于环山路来说则是给他们提供了一个安全通道。

4. 您希望户县绿道能够给您带来什么？

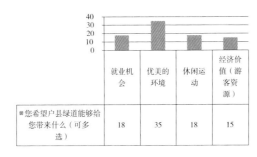

	就业机会	优美的环境	休闲运动	经济价值（游客资源）
您希望户县绿道能够给您带来什么（可多选）	18	35	18	15

对于绿道带来的价值，村民认为在于优美的环境、就业机会、休闲运动及经济价值。经济价值和就业机会关系村民们的切身利益。村民认为优美的环境是重要的，所以绿道的景观设计是绿道设计的重点。在其他方面还有：出行方便，安全。

5. 您对户县绿道的建成成果是否满意？

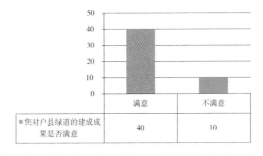

	满意	不满意
您对户县绿道的建成成果是否满意	40	10

80%受访者对绿道建设成果满意。满意者认为环境好了，带来了安全。不满意认为服务设施较少；征地，收入减少；摆摊地方过少；交通不便；农家乐生意不好。在保持优点的基础上，增加基础服务设施、增加村道与环山路的连通、增加就业机会等应是后续绿道建设值得注意的地方。

6. 户县绿道建成之后，环境是否改变?

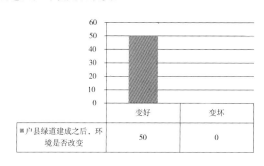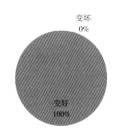

所有受访村民认为绿道建设为环境建设带来了好处。

7. 户县绿道建成之后，农产收入是否增加?

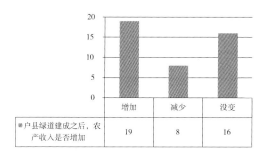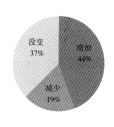

近半的受访者认为绿道建设之后农产收入有所增加，因为绿道的建设吸引了很多的骑行者和游客，增加了周边农家乐、农产品售卖点及自行车租赁点等的收入。但超过一半的人认为因征地过后农业收入减少。

8. 户县绿道建成之后，出行是否方便?

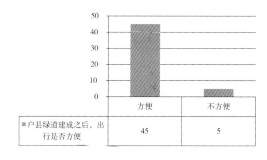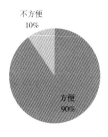

90%的村民认为出行受益，绿道建设带来了交通出行的便利。方便主要是因为绿道沿环山路的修建给附近村民提供了一条东西横向的"非机动车道"，出行安全性增强。10%的不方便是因为占用了他们原有村道的出入口。

3　风景园林专家问卷设计与单项分析

3.1　风景园林专家问卷设计（50份）

一、道路

1. 路面材质（满分5分）：3分（6）4分（7）5分（1）

材质建议：透水铺装、不用光面石材、沥青、生态材质、塑胶、彩色柏油、彩色沥青、透水沥青。

2. 骑行长度：正好（9）较长（3）较短（2）

建议长度：5公里、4公里、7公里、20公里

3. 弯曲度和坡度（满分5分）：2分（3）3分（7）4分（4）

4. 道路的宽度（满分5分）：2分（2）3分（8）4分（3）5分（1）

5. 骑行的路面感受（满分5分）：3分（3）4分（7）5分（4）

6. 绿道与环山路的衔接是否合适（满分5分）：2分（8）3分（3）4分（3）

二、设施

1. 座椅设置合理性（满分5分）：1分（1）2分（6）3分（4）4分（2）5分（1）建议：增加座椅，座椅区减少踏步

2. 座椅材质的合理性（满分5分）：1分（1）2分（5）3分（5）4分（3）建议：木质、石材。

3. 休闲区域位置合理性（满分5分）：2分（2）3分（6）4分（3）5分（2）建议：增加趣味性、面积应该有变化

4. 休闲区域铺装及构建材质合理性（满分5分）：2分（2）3分（9）4分（3）

5. 景观构筑物是否符合周边场地气质（满分5分）：2分（3）3分（7）4分（2）5分（2）建议：用秦岭当地材料

6. 休息平台数量是否合适（满分5分）：2分（2）3分（6）4分（5）5分（1）

7. 最急需的设施是什么：厕所（12）座椅（3）垃圾桶（9）护栏（1）标识牌（7）其他（0）

三、环境

1. 绿道内气候舒适度（满分5分）：3分（10）4分（3）5分（1）

2. 环境噪声容忍度（满分5分）：1分（2）2分（5）4分（3）5分（4）

3. 地形处理（满分5分）：2分（1）3分（3）4分（7）5分（3）

四、植物

1. 植物种类选择（满分5分）：2分（1）3分（6）4分（6）5分（1）建议：乡土植物、果树、农作物

2. 植物栽培配置方式（满分5分）：1分（1）2分（1）3分（5）4分（4）5分（3）建议：群落式种植、团簇式种植、

乔木靠近路边、片植

3. 植物空间营造（满分5分）：1分（1）2分（2）3分（4）4分（3）5分（4）建议：形成封闭空间

4. 植物景观整体形象（满分5分）：2分（3）3分（6）4分（4）5分（1）

5. 植物后期养护（满分5分）：1分（1）2分（2）3分（4）4分（6）5分（1）

五、整体

1. 对绿道的整体评价（满分5分）：3分（6）4分（7）5分（1）

2. 绿道的空间尺度是否宜人（满分5分）：2分（1）3分（2）4分（9）5分（2）

3. 骑游绿道是否令你完全放松（满分5分）：2分（2）3分（2）4分（5）5分（5）

4. 绿道景观与山体、峪口等地域结合程度（满分5分）：2分（5）3分（3）4分（5）5分（1）建议：部分地段可考虑进入峪口

5. 绿道的哪个景点给你留下印象最深：人车分离、高低起伏的体验段、可以看到秦岭

6. 你觉得骑行绿道的过程中什么是你最需要的：趣味性、安全与观景、安静的环境、厕所、饮水处、绿荫、休息处

7. 骑行时你是否看到绿道以外的景点吸引你：山峰、峪口、葡萄园、学校、楼盘、秋景、柿子树、村庄

8. 在绿道骑行中是否有特别的体验：看到野花、小情趣、看到牲口、趣味性的道路、兴奋段、双人骑行

9. 三段分别打分（满分5分）：　A段：3分（2）4分（9）5分（3）

　　　　　　　　　　　　　　B段：2分（3）3分（6）4分（5）

　　　　　　　　　　　　　　C段：2分（2）3分（7）4分（5）

　　　　　　　　　　　　　　D段：2分（2）3分（8）4分（4）

10. 上述三段你认为分值高低的区别在于：植物、地形、设施齐全与否、骑行过程中的感受、趣味性与安全性、舒适度、休息点、坡度的变化

11. 关于绿道的其他意见：材料选用应适当，绿道与公路及村庄的结合，道牙的处理，植物的种植、设施应配置完善，应阻止外部车辆进入车道，保证绿道的连通性，绿道应向城市方向延伸，增加骑行的趣味性。

3.2   风景园林专家问卷分析

问题1：路面材质

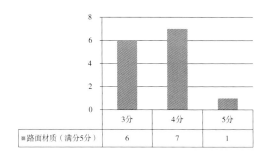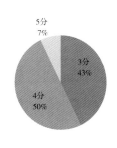

问卷显示：43%的专家对绿道材质满意，50%的专家认为材质很满意。建议在保持现有路面的同时增加乡土材质铺装。

问题2：骑行长度

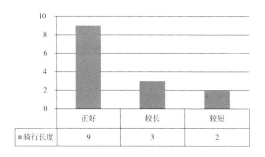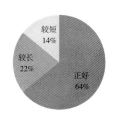

问卷显示：64%的专家在骑行的过程中认为路面宽度适宜，同时给出了建议长度5公里、4公里、7公里、20公里。

问题3：弯曲度和坡度

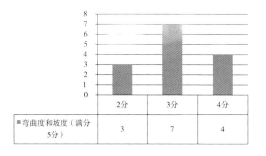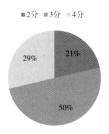

问卷显示：所有专家均认为绿道线路的弯曲度和坡度较为合适。

问题4：道路的宽度

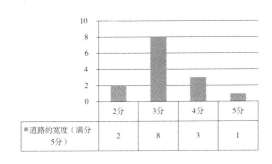

道路的宽度（满分5分）	2分	3分	4分	5分
	2	8	3	1

对于绿道的宽度设计，86%的专家给予了满意以上的评价，14%的专家觉得不满意。

问题5：骑行的路面感受

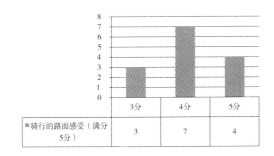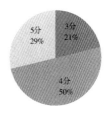

骑行的路面感受（满分5分）	3分	4分	5分
	3	7	4

问卷显示：专家认为路面感受较为满意，无不满意评价。

问题6：绿道与环山路的衔接是否合适

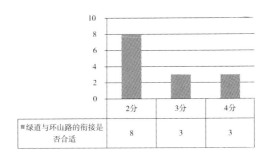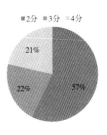

绿道与环山路的衔接是否合适	2分	3分	4分
	8	3	3

问卷显示：57%的专家认为绿道与环山路衔接不合适。

问题7：座椅设置合理性

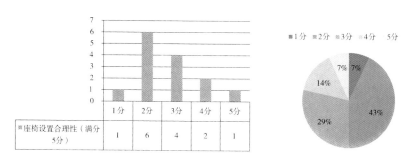

	1分	2分	3分	4分	5分
※座椅设置合理性（满分5分）	1	6	4	2	1

问卷显示：对于座椅设置，43%的专家认为不合理。建议：增加座椅，座椅区减少踏步，使自行车可达。

问题8：座椅材质的合理性

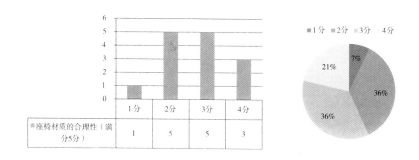

	1分	2分	3分	4分
※座椅材质的合理性（满分5分）	1	5	5	3

问卷显示：36%的专家认为座椅材质比较合理，另有36%的专家认为不合理。

问题9：休闲区域位置合理性

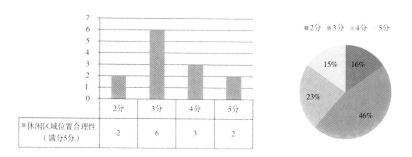

	2分	3分	4分	5分
※休闲区域位置合理性（满分5分）	2	6	3	2

问卷显示：45%的专家认为休闲区域位置不是很合理。

问题10：休闲区域铺装及构建材质合理性

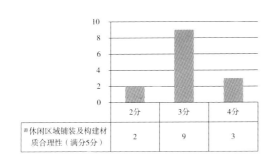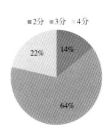

问卷显示：64%的专家认为休闲区域铺砖及材质合理性不够，没有利用当地乡土材质，材质过于城市化。

问题11：景观构筑物是否符合周边场地气质

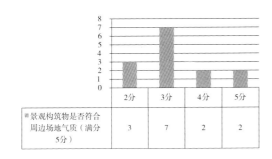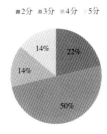

问卷显示：50%的专家认为景观构筑物并不符合周边场地的气质。

问题12：休息平台数量是否合适

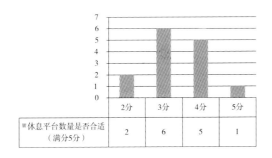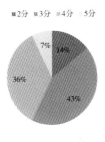

问卷显示：40%的专家认为休息平台数量并不合适。

问题13：最急需的设施是什么：

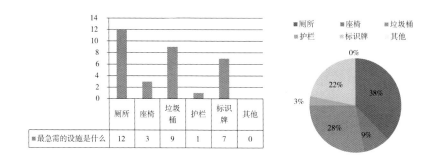

问卷显示：38%的专家认为最急需的设施是厕所，另有28%的专家认为垃圾桶是最为急需的设施。

问题14：绿道内气候舒适度

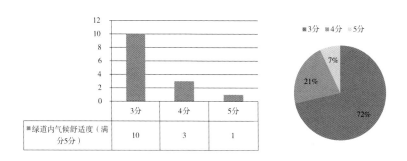

问卷显示：72%的专家认为绿道内气候舒适度很差。

问题15：环境噪声容忍度

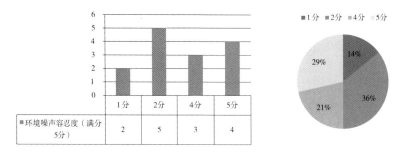

问卷显示：36%的专家认为绿道环境噪声容忍度很低，另有29%的专家认为其环境噪声容忍度很高。

问题16：地形处理

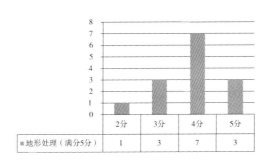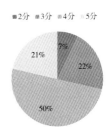

	2分	3分	4分	5分
▧地形处理（满分5分）	1	3	7	3

问卷显示：50%的专家认为地形处理的较为合理。

问题17：植物种类选择

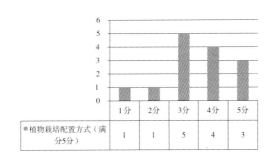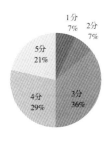

	1分	2分	3分	4分	5分
▧植物栽培配置方式（满分5分）	1	1	5	4	3

问卷显示：植物种类方面，认为种类较多或较少的各占一半。种类不宜过多，要符合郊野自然的气息。

问题18：植物栽培配置方式

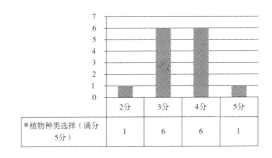

	2分	3分	4分	5分
▧植物种类选择（满分5分）	1	6	6	1

问卷显示：植物配置方式上，满意及以上的达到86%。乔灌草搭配已经基本符合自然气质，基本没有城市种植方式在内。

问题19：植物空间营造

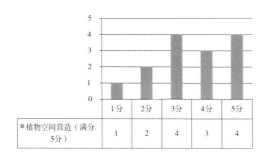
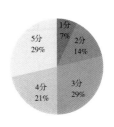

	1分	2分	3分	4分	5分
▨植物空间营造（满分5分）	1	2	4	3	4

问卷显示：植物空间营造上，69%的专家认为植被空间营造已达到效果。

问题20：植物景观整体形象

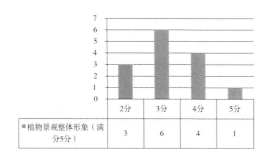
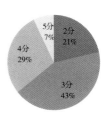

	2分	3分	4分	5分
▨植物景观整体形象（满分5分）	3	6	4	1

问卷显示：植物景观的整体形象效果一般，配置和种类已经足够，但在整体上并没有达到富于变化的效果，在季相和植物形态上需要进一步完善。

问题21：植物后期养护

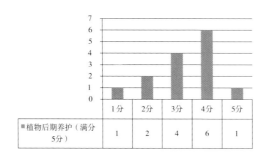
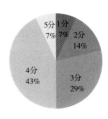

	1分	2分	3分	4分	5分
▨植物后期养护（满分5分）	1	2	4	6	1

问卷显示：通过观察，植被后期养护方面，专家认为后期养护很重要，需要投入人力物力。目前情况一般。

问题22：对绿道的整体评价

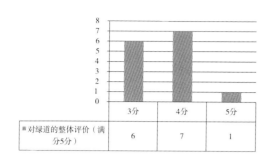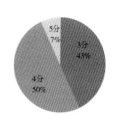

	3分	4分	5分
▨ 对绿道的整体评价（满分5分）	6	7	1

问卷显示：专家普遍评价绿道整体效果较好，已达到绿道建设的要求，能够满足使用及发挥的生态效益。

问题23：绿道的空间尺度是否宜人

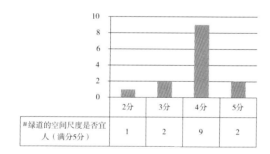

	2分	3分	4分	5分
▨ 绿道的空间尺度是否宜人（满分5分）	1	2	9	2

问卷显示：关于绿道尺度方面，93%的专家认为尺度宜人，符合自然郊野的乡村尺度，满足人的心理需求感受，并没有压抑感和急于逃离的感受。

问题24：骑游绿道是否令你完全放松

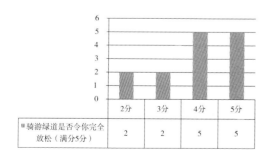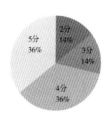

	2分	3分	4分	5分
▨ 骑游绿道是否令你完全放松（满分5分）	2	2	5	5

通过骑行体验，86%的专家能够在骑行过程中感到放松，其他专家认为有噪声干扰等因素影响使得骑行体验受影响。

问题25：绿道景观与山体、峪口等地域结合程度

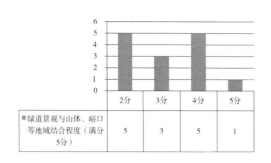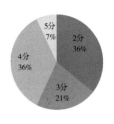

	2分	3分	4分	5分
▓绿道景观与山体、峪口等地域结合程度（满分5分）	5	3	5	1

专家认为绿道与各类资源的连接程度较好，在绿道内能够感受到周边的景色，36%的专家认为连接度还不够，需要完善。

问题26：三段分别打分（满分5分）A段

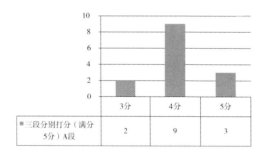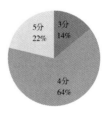

	3分	4分	5分
▓三段分别打分（满分5分）A段	2	9	3

问题27：三段分别打分（满分5分）B段

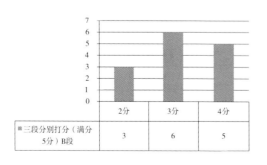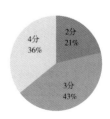

	2分	3分	4分
▓三段分别打分（满分5分）B段	3	6	5

问题28：三段分别打分（满分5分）C段

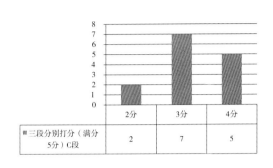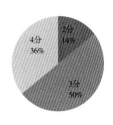

	2分	3分	4分
三段分别打分（满分5分）C段	2	7	5

上述三段认为分值高低的区别在于：植物、地形、设施齐全与否、骑行过程中的感受、趣味性与安全性、舒适度、休息点、坡度的变化，三段比较来看，差别大不，通过专家对此打分，在满分上，发现A段较B、C段略低。

问题29：绿道的哪个景点给你留下印象最深？

专家认为骑行印象较深的是在视觉和感觉两方面上，比如高低起伏的体验段、视觉上可以体验秦岭的壮观，另外一些安全措施也受到肯定，比如人车分离。

问题30：你觉得骑行绿道的过程中什么是你最需要的？

骑行过程中，趣味性、安全及设施（厕所、饮水处、休憩点）是最需要的，与观景同等重要。

问题31：骑行时你是否看到绿道以外的景点吸引你？

吸引专家的有秦岭典型的郊野特征，比如山峰、峪口、葡萄园、秋景、柿子树、村庄，除此之外还有学校、楼盘等城市元素。

问题32：在绿道骑行中是否有特别的体验？

骑行过程中，可以看到野花、牲口等乡村气息较重的景观，也发现一些小的情趣类景观，比如感受到趣味性的道路、兴奋段及双人骑行等。

问题33：关于绿道的其他意见？

专家认为，绿道更应符合乡土气息，材料选用应适当，绿道与公路及村庄的结合，道牙的处理，植物的种植、设施应配置完善，应阻止外部车辆进入车道，保证绿道的连通性，绿道应向城市方向延伸，增加骑行的趣味性。

4 管理者问卷设计与单项分析（10份）

4.1 户县政府问卷设计与分析

户县政府问卷设计

1. 通过调查，我们均认为户县绿道有以下目的，您认为呢？

   □骑游 □观赏 □散步 □旅游 □休闲娱乐 □锻炼身体 □其他

2. 您希望户县绿道给您带来哪些好处？（可多选）

   □福利行为 □形象行为 □生态保护 □建设抓手 □其他

3. 户县绿道建设存在哪些难度？

   □用地难以解决 □设计不成熟 □施工难度大 □维护困难 □财政紧缺 □其他

4. 通过我们调查，户县绿道反响不错，您认为户县绿道是否达到预期目标？

   □达到8，有哪些？ □环境 □示范作用 □休闲娱乐 □旅游观赏 □形象

   □没有达到1，有哪些？ □维护困难 □设施缺乏

5. 如果需要提升户县绿道，您希望在哪些方面进行提升？

   □绿化面积 □配套设施 □游玩 □大型游乐场 □文化内涵 □节点小品

6. 户县绿道仍存在哪些问题？

   □维护困难 □征地问题 □植被种植 □基础设施

7. 绿道建设之初为什么选择户县太平峪段？

   □行政支持 □生态优势 □资源优势

户县政府问卷分析：

1. 通过调查，我们均认为户县绿道有以下目的，您认为呢

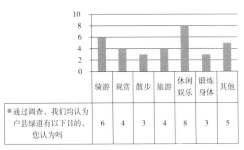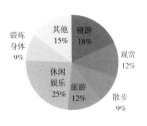

通过问卷统计显示：25%的政府人员认为休闲娱乐是户县绿道的主要目的，18%认为是骑游。

2. 您希望户县绿道给您带来哪些好处?

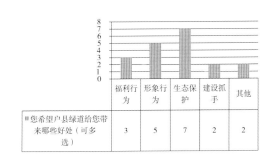

	福利行为	形象行为	生态保护	建设抓手	其他
您希望户县绿道给您带来哪些好处（可多选）	3	5	7	2	2

通过问卷统计显示：37%的户县政府人员认为可以加强生态保护；26%认为对形象工程有所改善；

3. 户县绿道建设存在哪些困难?

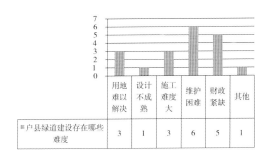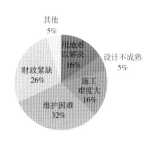

	用地难以解决	设计不成熟	施工难度大	维护困难	财政紧缺	其他
户县绿道建设存在哪些难度	3	1	3	6	5	1

通过问卷统计显示：32%认为维护困难是绿道建设的最大困难；26%认为财政紧缺是最大的困难。

4. 通过我们调查，户县绿道反响不错，您认为户县绿道是否达到预期目标?（达到）

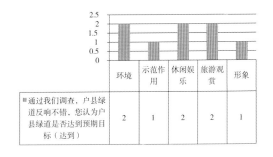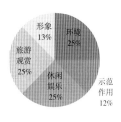

	环境	示范作用	休闲娱乐	旅游观赏	形象
通过我们调查，户县绿道反响不错，您认为户县绿道是否达到预期目标（达到）	2	1	2	2	1

通过问卷统计显示：25%认为在休闲娱乐、旅游观赏、环境改善方面达到了预期目标；

5. 如果需要提升户县绿道，您希望在哪些方面进行提升？

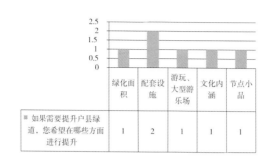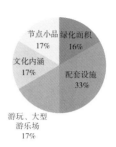

	绿化面积	配套设施	游玩、大型游乐场	文化内涵	节点小品
※ 如果需要提升户县绿道，您希望在哪些方面进行提升	1	2	1	1	1

通过问卷统计显示：33%认为在配套设施上应进行提高；17%在绿化面积，大型游乐场应进行提升。

6. 户县绿道仍存在哪些问题？

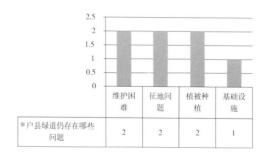

	维护困难	征地问题	植被种植	基础设施
※户县绿道仍存在哪些问题	2	2	2	1

通过问卷统计显示：29%认为绿道在维护困难、征地为题、植被种植上存在问题，尤其是征地问题存在问题较大。

7. 绿道建设之初为什么选择户县太平峪段？

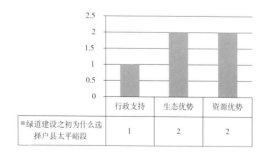

	行政支持	生态优势	资源优势
※绿道建设之初为什么选择户县太平峪段	1	2	2

通过问卷统计显示：40%认为生态上的优势和资源上的优势是选择在户县段建造绿道的主要原因。

4.2 秦岭办职员问卷设计与分析

秦管办问卷设计：（20份）

1. 通过调查，我们均认为户县绿道有以下目的，您认为呢？

   □骑游　□观赏　□散步　□旅游　□休闲娱乐　□锻炼身体　□安全　□美化环境

2. 您希望户县绿道给您带来哪些好处？（可多选）

   □福利行为　□形象行为　□生态保护　□建设抓手

3. 户县绿道建设存在哪些困难？

   □用地难以解决7

   □设计不成熟5

   □施工难度大 1

   □维护困难 14

   □财政紧缺12

4. 通过我们调查，户县绿道反响不错，您认为户县绿道是否达到预期目标？

   □达到，有哪些？

   生态保护、旅游开发、园艺景观、骑游、健身、旅游、视觉观赏、示范作用、形象窗口

   □没有达到，有哪些？

   基础设施、标识、宣传力度、植被绿化、生态、环境融合

5. 如果需要提升户县绿道，您希望在哪些方面进行提升？

   对环境的保护、基础设施建设、植被种植、文化主题、使用功能、覆盖区域扩大、宽度加宽、标识

6. 户县绿道仍存在哪些问题？

   维护困难、标识系统、基础设施不完善、宣传力度不够、长度不够、没有竣工、植被存在问题、资金缺口

7. 绿道建设之初为什么选择户县太平峪段？

   地理位置优越、自然环境优美

   旅游资源优越

   行政条件成熟

   不了解

   资金容易回笼

秦管办问卷分析：

1. 通过调查，我们均认为户县绿道有以下目的，您认为呢？

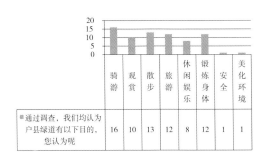

	骑游	观赏	散步	旅游	休闲娱乐	锻炼身体	安全	美化环境
通过调查，我们均认为户县绿道有以下目的，您认为呢	16	10	13	12	8	12	1	1

通过问卷统计显示：22%的被调查者认为骑游是户县绿道的目的，18%认为散步，旅游，锻炼身体是主要的目的。由此可以看出绿道是有很多功能的，针对不同人群去绿道的目的也不同。

2. 户县绿道仍存在哪些问题？

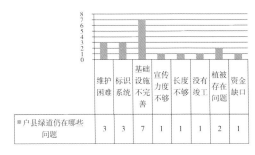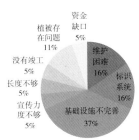

	维护困难	标识系统	基础设施不完善	宣传力度不够	长度不够	没有竣工	植被存在问题	资金缺口
户县绿道仍在哪些问题	3	3	7	1	1	1	2	1

通过问卷统计显示：37%的被调查者认为户县绿道基础设施不完善。16%认为维护困难。5%认为资金问题上也是存在的问题。

3. 您希望户县绿道给您带来哪些好处？（可多选）

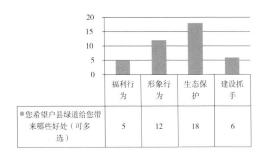

	福利行为	形象行为	生态保护	建设抓手
您希望户县绿道给您带来哪些好处（可多选）	5	12	18	6

通过问卷统计显示：44%被调查者认为户县绿道可以保护生态。29%认为是一种形象行为。

4. 通过我们调查，户县绿道反响不错，您认为户县绿道是否达到预期目标？

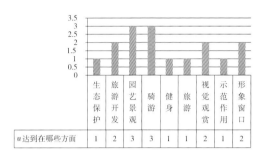

	生态保护	旅游开发	园艺景观	骑游	健身	旅游	视觉观赏	示范作用	形象窗口
▨达到在哪些方面	1	2	3	3	1	1	2	1	2

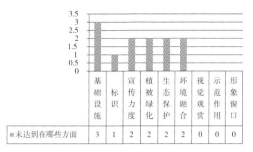

	基础设施	标识	宣传力度	植被绿化	生态保护	环境融合	视觉观赏	示范作用	形象窗口
▨未达到在哪些方面	3	1	2	2	2	2	0	0	0

通过问卷统计显示：89%认为户县绿道达到预期目标，11%认为没有达到；未达到的主要是基础设施，宣传力度，与环境的融合方面。达到目标主要是园艺景观，骑游，旅游开发，视觉观赏等方面。

5. 如果需要提升户县绿道，您希望在哪些方面进行提升？

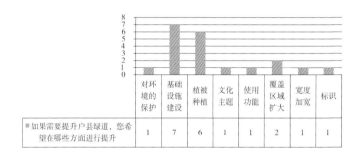

	对环境的保护	基础设施建设	植被种植	文化主题	使用功能	覆盖区域扩大	宽度加宽	标识
▨如果需要提升户县绿道，您希望在哪些方面进行提升	1	7	6	1	1	2	1	1

通过问卷统计显示：35%认为在基础设施建设方面需要大力提升。30%认为在植被种植方面应提升。10%认为绿道的服务范围应该扩大。

6. 绿道建设之初为什么选择户县太平峪段？

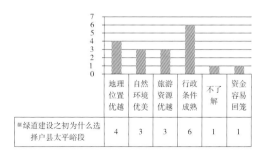

	地理位置优越	自然环境优美	旅游资源优越	行政条件成熟	不了解	资金容易回笼
▨绿道建设之初为什么选择户县太平峪段	4	3	3	6	1	1

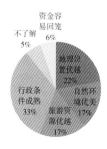

通过问卷统计显示：33%是因为行政条件成熟选择在户县太平峪段建设绿道。22%认为这一段的地理位置优越。

5   权属单位采访记录与分析

1. 您希望户县绿道能够给贵单位带来什么?

答：绿道建设环境改善了，环山路的形象展示以及其对人流量的吸引对各单位都是有帮助的；另外各单位权属范围内绿道由他们结合自己项目理念进行设计，对于这些单位来说也是有用的，这也使项目所在地东西向交通得到更好的衔接。

2. 户县绿道与贵单位环境融合程度如何?

答：各单位均认为，已施工范围内环境融合度都不错，环境变好，希望尽快完工，使得环山路整体范围内环境得到提升。

3. 户县绿道对贵单位有哪些影响?

答：各权属单位认为绿道的建设，使环境得到改善，环山路整体形象有所提升，各单位形象得到改善。

4. 您对户县绿道的建成成果是否满意?

答：各权属单位对绿道建成后成果都比较满意。

附录二：访谈分析

1 秦岭办（绿岭）采访记录与分析

1. 问：您认为户县绿道的目的有哪些？

答：总体来讲绿道建设最初的目的可以从三个方面来讲，第一，生态保护的提升；第二，"致富"道路的建设，能够为周围村民带来一定的经济收入；第三，能够促进乡村旅游的发展。

2. 问：您希望户县绿道给您带来哪些好处？

答：绿道建设作为生态文明示范区的建设抓手，同时也兼具秦岭的生态保护功能，对外也可作为生态文明示范区的展示形象。

3. 问：户县绿道建设存在哪些困难？

答：就政府单位来讲针对绿道建设最突出的问题是领导班子的理念和决策，导致后面一系列问题的产生，诸如财政问题、用地问题难以解决，以及最后的运营方式都是有待解决的问题；对设计单位来讲，缺乏对于秦岭气质和特性的把握，对秦岭的历史、人文、社会各个角度的推敲不够成熟，对秦岭之魂的把握有所欠缺，缺少顶层的深入设计。

4. 问：通过我们调查，户县绿道反响不错，您认为户县绿道是否达到预期目标？

答：在社会的角度来讲，绿道建设对于绿周围环境的改造和驴友骑行的安全提升达到了一定的目标；设计角度来讲，学院派过浓，对秦岭之魂的把握不够准确，没有体现山之灵性，缺少对大自然的敬畏之心。

5. 问：如果需要提升户县绿道，您希望在哪些方面进行提升？

答：绿道的建设作为一个慢行系统，是市民自驾游的体验场所，缺乏配套的基础设施，像生态停车场、自行车租赁站、公共卫生间、垃圾桶等；另外景观照明系统也需要提升。

6. 问：户县绿道仍存在哪些问题？

答：缺乏整体的策划和建设规划，特别是B、C、D段项目投资水分过大，权属单位对设计方案的改动过大。政府单位对土地的代征问题仍需解决。

7. 问：绿道建设之初为什么选择户县太平峪段？

答：户县段的选取条件是成熟的，具有较好的景观资源，政府单位的积极配合；用地问题较易解决；且基地内建筑较少，拆迁量小。

2 风景园林专家访谈与分析

您好，非常感谢您接受此次问卷调查！

本次调查内容和结果仅用于学术研究，您的宝贵意见和建议将有助于相关团队对秦岭北麓绿道网络系统建设问题的全面思考和进一步的优化。

1. 在刚才的骑行过程中，环山路上的汽车行车声音是否对您的感受造成噪声困扰？如果是，噪声是否在可忍受的程度之内？如果未造成影响，您认为原因是什么？

专家意见：大多数专家认为有噪声，而且噪声对骑行产生的影响较为明显，有专家建议采取植被种植使噪声降低。

2. 刚才的骑行过程是否让您感受到愉悦和舒适，这些感受是因为哪些因素形成（如气温、阳光、空气、设施、骑行速度等）

专家意见：专家们一致认为骑行过程中感受较为舒适愉悦，其中一大部分专家认为原因是天气条件良好，骑行速度适中。也有专家认为是由于绿道于机动车道隔离，骑行较为安全。

3. 您认为秦岭沿山路绿道目前的植物种植存在哪些问题，请从种植方式、植物种类的选择是否合适，成林的规模大小是否合理，对绿道骑行过程中的视线感受有什么样的作用等方面稍作展开谈。

专家意见主要集中于以下三个方面：第一，建议靠近环山路一侧植物种植密度应相对大一些，以隔离环山路的干扰，局部打开视线，形成视线联系。第二，对于植物的树种选择上尽量选用乡土树种。第三，车道局部应增加大乔木，提供林荫。

4. 您认为秦岭沿山路绿道目前的标识存在哪些问题（可从选点、形式、材质、立意构思等几方面谈）

专家意见：标识系统不够完善，数量相对较少，而且位置不够明显。在标识特色上应尽量凸显秦岭气质。

5. 您认为秦岭沿山路绿道目前的设施存在哪些问题，如自行车骑行道（可从选点、选线立意构思、形式、材质等几方面谈）

专家主要意见集中在以下几方面：① 自行车道全部平行于环山路太单调，建议以自然景观为点引导自行车道的选线布局，增加骑行人的乡野感受；② 自行车道的路面材质可多样化，也可采用沙石路面等铺装形式。③ 公共设施如垃圾箱、卫生间、标识等需要完善，景观设施、用材应与秦岭气质相符合。

6. 您个人认为秦岭沿山路绿道的骑行距离是否合适？您认为合适的骑行长度是多少公里？

专家认为不同的人群对骑行距离要求不一，多数认为为5~10km较为合适。

7. 如果让您在秦岭北麓山下选择骑行的路径，您会如何考虑，如何选择自己的休闲骑行路径？您对未来秦岭沿山路绿道的选线和设计还有什么建议？

专家意见：选线应尽量远离环山路，尽量靠近自然景色丰富的地方，最好能绕村庄、田野、溪流、树林等。

8. 您会在周末带家人来秦岭吗？你来秦岭以及秦岭沿山路的频率是一年约有几次？您对秦岭认知有多少？

专家意见：大部分专家在周末会带家人来到秦岭，并且每年大概能来到2-4次，对秦岭的认识不是太多，认为秦岭在生态、气候、文化等方面有重要的意义，物种丰富。

9. 您认为秦岭沿山绿道还应发挥什么样的功能和作用？

专家意见：绿道应具有宣传教育的功能，爱护秦岭，了解关中、秦岭文化的功能，除此之外还应具有休憩功能、旅游功能、经济功能、科普教育功能（乡土植物、物种的普及和保护）

10. 和您曾经有过骑行经历的其他城市、国家的绿道相比较，秦岭沿山路绿道的特质和潜力是什么？目前的不足主要是什么？

专家意见：最大的特质在于地域景观资源丰富及地区文化资源深厚，能够打通城市与郊区的连接通道。不足是开发宣传力度不够，绿道建设尚在初期阶段，选线较为单一，不成系统。

11. 您理想中的秦岭沿山路绿道应该具备什么样的特质？

专家意见：①完整的服务体系；②足够的长度与景点可达性；③优美的自然和乡村风光；④便捷的交通转换点；⑤最少得城市化干扰。

12. 您认为秦岭沿山路绿道的生态效应会在哪些方面？秦岭沿山路绿道在秦岭北麓的游憩和生态方面的作用应该如何协调？

专家意见：生态效应：①形成系统的有一定规模的绿色空间；②挤占了建设项目的空间，自然增加了生态性；③树木数量的增加有利于生态效益的增加。

游憩与生态协调：①不要过多的引入车行通道；②以自然乡村的道路景观形式来营造游憩空间和线路，减少硬质的建设量，增加砂石路等生态铺地。

13. 您认为山麓型绿道与城市绿道的区别是什么？山麓型绿道在设计和建设过程中应该更注重什么？

专家意见：山麓型在于"野"性，城市型在于"公共性"。山麓型绿道应注意以下几点：①显山露水，体现乡野风景；②植被要乡土化；③种植形式也要符合自然生长群落形态。④建设过程中不要模仿城市绿化建设的形式和风格；⑤多用生态型工艺和手法。

14. 您认为绿道建设的核心内涵是什么？

专家意见：认为核心内涵是秦岭文化的一种媒介或者载体，除此之外还应具有休闲、游憩、健身等功能。

附录三：秦岭绿道建设大事记

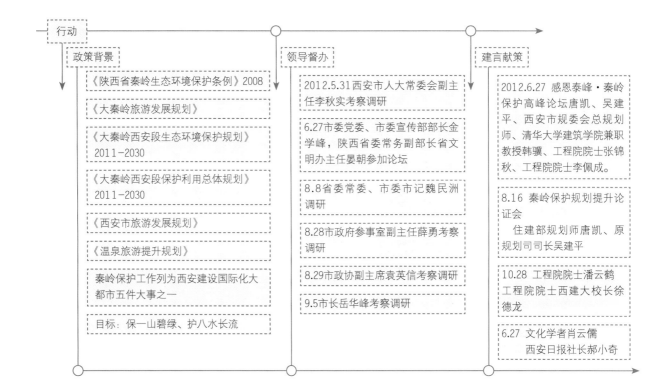

行动

政策背景

《陕西省秦岭生态环境保护条例》2008

《大秦岭旅游发展规划》

《大秦岭西安段生态环境保护规划》2011-2030

《大秦岭西安段保护利用总体规划》2011-2030

《西安市旅游发展规划》

《温泉旅游提升规划》

秦岭保护工作列为西安建设国际化大都市五件大事之一

目标：保一山碧绿、护八水长流

领导督办

2012.5.31西安市人大常委会副主任李秋实考察调研

6.27市委党委、市委宣传部部长金学峰，陕西省委常务副部长省文明办主任晏朝参加论坛

8.8省委常委、市委市记魏民洲调研

8.28市政府参事室副主任薛勇考察调研

8.29市政协副主席袁英信考察调研

9.5市长岳华峰考察调研

建言献策

2012.6.27 感恩泰峰·秦岭保护高峰论坛唐凯、吴建平、西安市规委会总规划师、清华大学建筑学院兼职教授韩骥、工程院院士张锦秋、工程院院士李佩成。

8.16 秦岭保护规划提升论证会
住建部规划师唐凯、原规划司司长吴建平

10.28 工程院院士潘云鹤 工程院院士西建大校长徐德龙

6.27 文化学者肖云儒 西安日报社长郝小奇

附录四：基地原貌、建设过程与建设成果展示

基地原貌	建设过程	建设成果

续表

基地原貌	建设过程	建设成果

参考文献

1 概述篇

［1］Whyte W H. Securing open space for urban American: conservation easements. Washington: Urban Land Institute, 1959.69.

［2］Ahern J. Greenways as a planning strategy. Landscape and Urban Planning, 1995, 33: 131−155.

［3］吴必虎. 上海城市游憩者流动行为研究［J］. 地理学报, 1994, 49（2）117−127.

［4］吴必虎, 唐俊雅, 黄安民等. 中国城市居民旅游目的地选择行为研究［J］. 地理学报, 1997, 52（2）: 97−103.

［5］吴必虎. 区域旅游规划的理论与方法［R］. 北京: 北京大学博士后研究出站报告, 1998.

［6］吴必虎. 大城市环城游憩带（ReBAM）研究: 以上海市为例［J］. 地理科学, 2001, 21（4）: 354−359.

［7］苏平, 党宁, 吴必虎. 北京环城游憩带旅游地类型与空间结构特征［J］. 地理研究, 2004, 23（3）: 403−410.

［8］吴必虎, 李咪咪. 小兴安岭风景道旅游景观评价［J］. 地理学报, 2001, 56（2）: 214−222.

［9］张伟, 吴必虎. 福建宁德滨海风景道规划设计［R］. 北京: 北京大地风景旅游景观规划院, 2002.

［10］俞孔坚, 李伟, 李迪华. 快速城市化地区遗产廊道适宜性分析方法探讨: 以台州市为例［J］. 地理研究, 2005, 24（1）: 69−77.

［11］李伟, 俞孔坚. 世界文化遗产保护的新动向: 文化线路［J］. 城市问题, 2005（4）: 7−12.

［12］张笑笑. 城市游憩型绿道的选线研究: 以上海为例［D］. 上海: 同济大学建筑与城市规划学院, 2008.

［13］田逢军, 沙润, 王芳等. 城市游憩绿道复合设计: 以上海为例［J］. 经济地理, 2009, 29（8）: 1385−1390.

［14］张春英, 林从华, 林晓枝等. 福州市绿地景观的绿道功能分析［J］. 福建建筑, 2009（2）: 6−7.

［15］赵兵, 谢园方. 江南水乡休闲绿道建设: 以昆山花桥国际商务城为例.

［16］深圳新闻网: 千余公里绿道让您走遍珠三角

［17］深圳绿道网

［18］第一旅游网: 广东大手笔建绿道之省

［19］长江商报: 武汉今年启动东沙绿道建设

2 总规篇

［1］周年兴, 俞孔坚, 黄震方. 绿道及其研究进展［J］. 生态学报. 2006（09）.

［2］马立平. 层次分析法［J］. 北京统计. 2000（07）.

［3］阮煌胜. 安庆市城市绿道路线规划理论与方法的研究［D］. 安徽农业大学. 2010.

4 评价篇

［1］珠江三角洲绿道网总体规划纲要[J].建筑监督检测与造价, 2010, 3（3）: 10−70.

［2］埃比尼泽·霍华德.明日的田园城市[M].金经元译.北京: 商务印书馆, 2006.

［3］Wolfgand F E P, Harvey Z R, Edward T W. Post Occupancy Evaluation[M]. New York: Van Nostrand Reinhold Company, 1998.

［4］陈建华.城市开放空间及其环境使用后评价[J].建筑科学, 2007, 23（9）: 102−105.

图、表来源

图1.2 （美国）马克·林德胡尔. 王南希（译）. 论美国绿道规划经验：成功与失败，战略与创新［J］. 风景园林2012，3.

图1.3 http://travel.poco.cn/v2/travel_lastblog.htx&id=6250416/

图1.4 http://piquelin.blog.163.com/blog/static/7715549620115698572.81/

图1.6 中国风景园林网

图1.8 http://www.zys168.net/greenway/detail.aspx?id=288

图2.1 张笑笑. 城市游憩型绿道的选线研究——以上海为例［D］. 同济大学，2008.

图2.2 王璟. 我国城市绿道的规划途径初探［D］. 北京林业大学2012.

图2.3 陈婷. 山地城市绿道系统规划设计研究［D］. 重庆大学2012.

图2.9 （美）洛林·LaB·施瓦茨编. （美）查尔斯·A·弗林克，罗伯特·M·西恩斯著. 绿道规划·设计·开发：风景道规划与管理丛书［M］. 余青，柳晓霞，陈琳琳译. 北京：中国建筑工业出版社，2009.

图3.15 许晓青. 中国山水画的"游观性"分析与山水游赏关系探讨［M］. 明日的风景园林学国际学术会议论文集，2013.

图3.16 Nick Robinson. The Planting Design Handbook［M］. Ashgate Publishing Limited，2004.

图3.27 Google Earth 2012

表2.1 （美）洛林·LaB·施瓦茨编. （美）查尔斯·A·弗林克，罗伯特·M·西恩斯著. 绿道规划·设计·开发：风景道规划与管理丛书［M］. 余青，柳晓霞，陈琳琳译. 北京：中国建筑工业出版社，2009.

表3.1 朱强，俞孔坚，李迪华. 景观规划中的生态廊道宽度［J］. 生态学报，2005，25（9）.

表3.2 丁文清. 城市绿道景观规划设计研究［D］. 西安建筑科技大学，2010.

注：除特殊说明，文中图、表均由作者自绘或自摄

后 记

本研究肇始于2012年8月，是在历时两年的一系列大秦岭绿道规划与建设工作的基础上完成的。彼时，西安秦岭生态环境保护管理委员会办公室刚刚成立一年多，我们有幸受邀参与编制了《关中环线秦岭西安段沿山路166.48公里详细策划方案》（2012），又相继完成了《秦岭北麓西安段浅山区绿道总体规划》（2013）、《秦岭北麓太平峪片区绿道景观方案设计》（2013）。2012年底，秦岭绿道户县太平峪段南侧（李家岩村—黄柏峪）景观工程7公里示范段正式开工建设，2013年10月示范段总体建成后，绿道的POE和书稿撰写工作旋即全面展开。两年来，我们有幸亲历了绿道的策划、规划、设计、施工与建成的全过程。此时执书回首，心中充满感慨和感激之情。

作为西北首条山麓型绿道的首部探索性研究著作，本项工作承蒙西安秦岭生态环境保护管理委员会办公室、西安秦岭生态保护有限公司以及西安绿岭规划设计咨询有限公司的信任与委托，特别感谢西安秦岭生态保护管理委员会办公室领导的大力支持。如果没有他们远见卓识的决策以及笃实求是的行动支持，很多工作将难以开展。本研究也得到了户县县政府以及土地、交通、农业和林业部门的大力协助，在此一并致谢。

大秦岭山麓区绿道网络规划与建设的相关研究，主要由岳邦瑞、陈磊全面负责，由潘嘉星、潘卫涛担任项目顾问，李莉华老师担任植物方面的专业指导，组织了一支由西安建筑科技大学风景园林系以及西安绿岭规划设计咨询有限公司的科研人员、设计人员和硕士研究生为主体的队伍。在这个团队中，每个参与者都积极贡献了自己的才智，在相互学习和共同摸索中走到今天，因此每个人都是不可或缺的，每个人都是重要的贡献者，以下是相关工作的具体人员。

《关中环线秦岭西安段沿山路166.48公里详细策划方案》的主要参与者：夏战战、单阳华、张鹏、李静静、刘宁、刘雅妮、丁禹元、王琼杰、高沁心、王倩倩、白亚斌。

《秦岭北麓西安段浅山区绿道总体规划》的主要参与者：单阳华、张鹏、李静静、刘宁、刘雅妮、丁禹元、王琼杰、高沁心、王倩倩、白亚斌、王强、康世磊、刘颖、李晓生、范小蒙、魏怀庆、魏思远。

《秦岭北麓太平峪片区绿道景观方案设计》主要参与者：李晓生、康世磊、刘颖、范小蒙、魏怀庆、魏思远、王强。

POE工作主要完成者：岳邦瑞、陈磊、李莉华、王强、丁禹元、张鹏。此外，西安建筑科技大学风景园林系教师杨光炤、樊亚妮、杨建辉、崔文河、刘恺希、马冀汀、孙天正等，参与了7公里示范段骑行并填写了调查问卷和座谈。

本书成文由陈磊、岳邦瑞、潘嘉星、潘卫涛拟定总体框架、全面统稿及审核。各章主要撰写人如下：第一章刘颖，第二章王强、范小蒙，第三章李莉华、王强、魏怀庆，第四章王强、魏思远，第五章岳邦瑞、王强、康世磊，附录王强、魏思远、魏怀庆。

在本书付梓之际，特别感谢中国建筑工业出版社张建编辑，也衷心感谢参与和支持大秦岭绿道工作的所有人士！

陈磊　岳邦瑞

二〇一四年六月